U0902331

生活对你的刁难，其实都是祝愿

海波 编著

中国纺织出版社

内 容 提 要

人在成长过程中，所谓的一帆风顺都只是我们美好的祝愿，我们都不得不面对各种各样的苦难、折磨；然而，真正的成长就是残酷的，经历昨天的洗礼，才有今天欣慰的笑容。

本书以心态调整为主线，指导正在遭遇生活折磨的人们领悟幸福的真谛，进而获得心平气和、从容不迫的心态，最终改善命运，远离厄运，得到福气。

图书在版编目（CIP）数据

生活对你的刁难，其实都是祝愿 / 海波编著.--北京：中国纺织出版社，2017.12
ISBN 978-7-5180-4473-3

Ⅰ.①生… Ⅱ.①海… Ⅲ.①人生哲学—通俗读物
Ⅳ.①B821-49

中国版本图书馆CIP数据核字（2017）第315265号

责任编辑：闫 星　　特约编辑：李 杨　　责任印制：储志伟

中国纺织出版社出版发行
地址：北京市朝阳区百子湾东里A407号楼　邮政编码：100124
销售电话：010—67004422　传真：010—87155801
http：//www.c-textilep.com
E-mail：faxing@c-textilep.com
中国纺织出版社天猫旗舰店
官方微博http：//weibo.com/2119887771
三河市宏盛印务有限公司印刷　各地新华书店经销
2017年12月第1版第1次印刷
开本：710×1000　1/16　印张：13
字数：200千字　定价：36.80元

凡购本书，如有缺页、倒页、脱页，由本社图书营销中心调换

前言

人的一生可以拒绝很多事，却无法拒绝成长，成长的过程就是心智不断磨炼成熟的过程。成长是残酷的，我们每个人都免不了遭受苦难。苦难出现的形式有很多种，要么是无法抗拒的天灾、人祸，比如地质灾害、突如其来的生命危险、我们至亲的人离去等，也有可能是我们人生中的重大挫折，比如事业失败、失恋、婚姻破裂等。也许一些人会说，自己在这两方面的运气都很好，没吃过什么苦头，家庭幸福、事业顺利、双亲健在，但即便如此，你还是无法避免我们要承受的最后一大苦难——死亡。因此，有人说，人从呱呱坠地开始，就已经在承受磨难了，此话不假。只不过一些人在成长的过程中能放平心态、勇敢面对，超越了磨难，在他们的脸上，总是挂满笑容，他们总是能用积极的能量感染周围的人；然而，也有一些人，面对折磨听天由命，最终消极疲惫地度过一生。那么，你想做哪种人？

我们每个人都渴望幸福，都不希望人生路上遇到苦难，都害怕遇到折磨，但折磨并不是应该被我们完全否定的事物。要知道，折磨正是历练我们的一把利器，能唤醒我们的灵魂，能让我们更坚韧，所以，正视因为这些刁难、折磨的存在，我们的人生才会更圆满。

当然，真正让我们遭受折磨的来源并不只有事物，还有人，比如我们的竞争对手、敌人等。其实，我们也应该感谢折磨我们的人，正是因为他们的存在，才让我们认识到发展自我的重要性，并且，他们就犹如一面铜镜，能照出你自

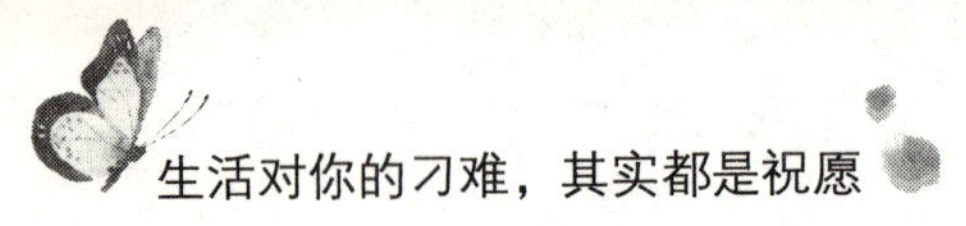

己的特征，也能激励你去不断学习，不断发展。

所以，面对生活的刁难，面对命运的折磨，我们不要自怨自艾，而应该把它当成对我们的磨砺，对我们的祝愿，抱着这样的心态对待，我们就能不断成长和进步。

我们编写本书的目的就是强调心态对于面对各种磨难、挫折的重要作用，以此来指导读者朋友们将人生路上的磨难看成是历练自己的一剂强心针，让你能从更高层面去审视自己的人生，进而帮助你摆正心态、激发潜能，在折磨中调整情绪，重新获得动力，冲向人生的顶峰。

编著者

2017 年 4 月

目 录

第一章

你对幸福的理解是什么

你听过幸福课吗

哈佛是众所周知的学府，当走在哈佛的校园中，你随意找个学生打听一下，就会发现，如今，在哈佛最受欢迎的不是王牌课《经济学导论》，而是一位名不见经传的年轻讲师教授的幸福课，他的名字叫泰勒·本·沙哈尔。

“最初，引起我对积极心理学感兴趣的是我的经历。我开始意识到，内在的东西比外在的东西，对幸福感更重要。通过研究这门学科，我受益匪浅。我想把我所学的东西和别人一起分享，于是，我决定做一名教师。”本·沙哈尔自己说，正是源于这个理由，他才在哈佛从本科一直读到博士，毕业以后没有去大公司任职高薪职位，而是留在了母校任教。

在本·沙哈尔的课堂上，我们经常听到他对幸福感作出的这样一种阐释：幸福感是衡量人生的唯一标准，是所有目标的最终目标。

他在课堂上说：“人们衡量商业成就时，标准是钱。用钱去评估资产和债务、利润和亏损，所有与钱无关的都不会被考虑进去，金钱是最高的财富。但是我认为，人生与商业一样，也有盈利和亏损。

“具体地说，在看待自己的生命时，可以把负面情绪当作支出，把正面情绪当作收入。当正面情绪多于负面情绪时，我们在幸福这一‘至高财富’上就盈利了。”

“长期的抑郁，可以被看成一种‘情感破产’。整个社会，也有可能面临这种问题，如果个体的问题不断增长，焦虑和压力的问题越来越多，社会就正在走向幸福的‘大萧条’。”

曾经有过一项有关“幸福感”的研究表明，人的幸福感主要取决 3 个因素：遗传基因、与幸福有关的环境因素以及能够帮助我们获得幸福的行动。而积极的心理，可以帮助人们更快乐、更充实、更幸福。

曾听一位教授讲过这样一个故事：

尤利乌斯·马吉出生在苏黎世郊区的一个贫困的农家，异常窘迫的家境，让他没有读完初中，便开始了艰难的打工人生。然而，多年过去了，他唯一的特长只是像父亲那样磨面粉。父亲曾悲哀地对他说：“你这辈子就是磨面粉的命了。”

马吉不甘心地回答父亲：“不，我不会一辈子迈着沉重的步子，一圈圈地推着两扇磨。”父亲撒手而去时，留给他唯一的遗产便是那两扇简陋的磨盘。望着那转了无数圈的磨道，望着那两扇默默无言的磨盘，不服输的马吉思索着走出窘境的途径。

20 岁那年，马吉从朋友舒勒医生那里得知——干蔬菜不会损失营养成分。他想：若将干蔬菜和豆类放在一起磨，一定会磨出富有营养的汤料。那样，岂不是可以让那些家庭主妇们熬汤更快速、方便一些？

他立刻借钱购置了设备，开始磨自己想象的那种汤料。就这样，凭借一个灵感加上果断的行动，马吉很快便赢得了人们难以想象的成功——最早的速溶汤料。产品一投放市场，便大受欢迎。然而，马吉仍不满足，他的眼睛继续紧紧盯着那两扇磨盘，思索着接下来该磨出什么样的新产品。经过反反复复地试验，他终于在 1890 年磨出了可以改变沙司、凉菜、鱼肉、汤和配菜味道的万能调味粉。后来，他又磨出了广为畅销的浓缩肉食品。到 1901 年，他已是拥有资产超过亿元的大型跨国公司的老板。

在苏黎世大学举办的一次演讲中，马吉自豪地告诉人们：“即使命运只赠给我两扇简单的磨盘，希望也会给予我信心、智慧和执着，让我磨出自己亮丽的人生。”

幸福的人生，在于自己一步步地努力创造。也许命运在你的人生之初并未向你露出微笑，在你成长的过程中，也许阴云密布的日子会比艳阳高照的时光多很多，但对于像尤利乌斯·马吉这样的人来说，这一切都是一个简单的开始，是人生风景中一个短暂的片段。积极且勇敢地向前迈步，生活总会不时地展现笑容。

有一天，我在一个公交站牌处等车的时候，远远地，看见一个小孩子拉着妈妈过来了，好像还在争论着什么。待到他们走过来了，我才听清楚，原来他们是在为去不去动物园看大象而争执不下。

小孩子不依不饶：“我就要去动物园看大象，为什么你不让我去！”

妈妈劝他：“不是早说过了吗，今天出太阳了咱就去，但今天没有出太阳啊，而且天气预报说还可能要下雨呢，还是改天再去吧。”

“妈妈骗我，今天出太阳了……”

妈妈笑了起来，问道：“哪里有啊，不要骗人，你说说，太阳到底在哪儿？”

小孩子抬起头来，东看看西瞧瞧，然后指着天空喊：“那不是在那儿嘛！”

“没有啊，那只是乌云而已呀。”

“对呀！”没想到，小孩子一副非常认真的样子，“太阳就躲在乌云的后面呢，等一会儿乌云一走开，不就出来了吗？”

听到小孩的话，所有等车的人都笑了。对于积极的人来说，太阳每天都在天空中，虽然有的时候我们看不见它，那是因为它正躲在云的后面。而乌云总有散开的时候，就如人生总有诸多的幸福会接踵而来一样。

你也被“幸福的假象”所蒙蔽吗

幸福、美满的人生，是每一个人生来就追求的。在大多数人的观念里，幸福被赋予了这样的定义：通常人们以财富、地位、美满的婚姻、长寿、健康、美貌、事业成功、吃得好、穿得好、住得好等为幸福人生的实质，以为得到其中任何一种便得到了人生的幸福。对此，不少哲学家认为，这种看法是错误的，因为幸福并不是某种固定的实体，而是一种精神与物质的统一，更多地表现在精神体验上。

曾经有心理学教授对某世界高等学府学生作过一项持续 6 个月的心理健康研究，其结果显示：过去的一年中，有 80% 的学生，至少有过一次感到非常沮丧、消沉；47% 的学生，至少有过一次因为太沮丧而无法正常做事；10% 的学生称他们曾经考虑过自杀……

据另一项统计显示，在美国，抑郁症的患病率，比起 20 世纪 60 年代高出 10 倍，抑郁症的发病年龄，也从上世纪 60 年代的 29.5 岁下降到今天的 14.5 岁。而许多国家，也正在步美国的后尘。1957 年，英国有 52% 的人，表示自己感到非常幸福；而到了 2005 年，只剩下 36%。但在这段时间里，英国国民的平均收入提高了 3 倍。

为什么求学于世界高等学府，还会如此沮丧呢？为什么人们越来越富有，反而越发不开心呢？

本 · 沙哈尔这样解释：因为人们常常被“幸福的假象”所蒙蔽。

本 · 沙哈尔说，“我们所处的社会环境和文化背景是这样的：假如孩子成绩全优，家长就会给奖励；如果员工工作出色，老板就会发给奖金。人们习惯性地去关注下一个目标，而常常忽略了眼前的事情，最后，导致终生的盲目追求。”

每个人追求目标时，都精神集中，极度渴望早日实现突破，然而一旦目标达成后，人们常把放松的心情，解释为幸福。好像事情越难做，成功后的幸福感就越强。不可否认，这种解脱，让我们感到真实的快乐，但它绝不等同于“幸福”。它只是“幸福的假象”。

在生活中，我们经常有这样的体会：当你头痛好了之后，你会为头不痛而高兴，这是由于这种喜悦来自于痛苦的前因。没有头的疼痛，就没有恢复正常后的欢喜。忙碌奔波的人，往往错误地认为成功就是幸福，坚信目标实现后的放松和解脱就是幸福。因此，他们不停地从一个目标奔向另一个目标。

在现实生活中，特别是那些二十几岁的年轻人，随着年龄的增长，各方面的需求不断增多，找工作、买房子、结婚等。为了尽早实现一个个愿望，他们不停地奔波劳碌，在一个又一个目标前奋力冲刺，这成了某些人最习惯的生活方式。纵然实现一个小目标的成就感会让自己得到暂时且短暂的喜悦感，而第二天一起床，这种感觉很快就消失得无影无踪。

还有一些人，他们有房、有车，母慈子孝，按理说生活得很好，可为什么他们总是羡慕别人的生活和快乐，而感受不到自己的幸福呢？很多人都有这样的一个感悟：幸福的本质不在于追求什么，获得什么，而在于珍惜你所拥有的一点一滴，让自己懂得享受，学会满足。

下面这个故事被广为流传，被称为“十大经典”故事，它给予幸福真切的诠释。

我们作一个大胆的假设，如果把全球人口维持人类的各种比例压缩成只有100人的部落，我们可以看到这个部落的人员构成为：57个亚洲人、21个欧洲人、14个美洲人、8个非洲人；52个男人、48个女人；30个白种人、70个非白种人；30个基督徒、70个非基督徒；89个异性恋者、11个同性恋者；6个人将拥有全部财富的59%；80个人的居家生活不甚理想，70个文盲，50个人营养不良，1个人即将死亡，1个人即将生产，1个人拥有大专学历，1个人拥有电脑。

当我们从这种压缩的角度来看这个世界时，就会清楚这个世界需要更多的接纳、谅解和教育。还有一些值得我们深思的：如果您今天早上醒来时还算健康，恭喜您，因为有一百万人将活不过一星期。如果您不曾经历过战争的危险、被监禁的寂寞、被凌虐的痛苦或是饥寒交迫，恭喜您，您比五亿人还好命。如果您可以参加宗教活动而不必担心被骚扰、逮捕、凌虐或死亡，恭喜你，您比三十亿人还自由。如果您的冰箱里还有食物、有衣服穿、还有地方住，恭喜您，您比全世界 75% 的人还富有。如果您在银行里有存款，钱包里有钞票、还有一些零钱，恭喜您，您是全世界前 8% 的有钱人。如果您的双亲都还健在而且没有离婚，恭喜您，您算是幸运儿。您可以读这篇文章，那是双重幸运：有人想到您这个朋友，而有二十亿人根本不识字。

总之，如果我们在每个清晨都能清爽地醒来，我们就是幸福的人，就应对生命的赐予给予感恩。

幸福的感觉，依托于物质的满足、成就的获得等，而它的源泉，则在于懂得知足和时刻珍惜。

懂得珍惜，最为可贵，懂得知足，最为幸福。当一个人珍惜生命，生命便会长久；当他珍惜家人、朋友之间的情感，他便能在友善的交流中，获得快乐与更多的幸福。真正的幸福不是你每天得到了一些什么，而是每天你都能对自己拥有的一切怀着一颗满足、感恩、珍惜的心。如果我们能够保持着这种态度来对待生活中的每一天、每件事，那么，即使人生中有摆脱不了的悲苦、辛酸，我们也能将它们转化成有价值、有意义的事。

德国哲学家叔本华曾说过：“我们很少想到自己拥有什么，却总是想着自己还缺少什么！不要感慨你失去或是尚未得到的事物，你应该珍惜你已经拥有的一切。”

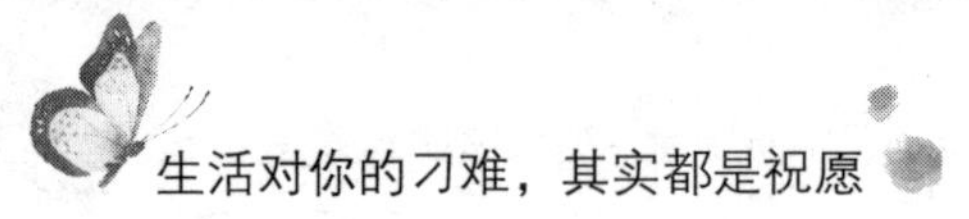

追求幸福，就是要选好自己的人生模式

幸福课教授本·沙哈尔在一次吃汉堡时，总结出了4种人生模式；并在课堂上，一次次地给予新的诠释。

有一年，本·沙哈尔为了准备重要赛事，除了刻苦练习外，他必须严格地节制饮食，以控制体重。在开赛前的一段时间，他每天只能吃最瘦的肉类，全麦的碳水化合物，以及新鲜蔬菜和水果。他曾暗中发誓，一旦赛事结束了，一定要大吃两天“垃圾食品”。

比赛终于结束，怀着放松的心情，本·沙哈尔立即奔到自己喜爱的汉堡店，随即买下4个汉堡。当他急不可耐地撕开纸包，把汉堡放在嘴边的刹那，却停住了。因为他意识到，上个月，因为健康的饮食，自己体能充沛。如果享受了眼前汉堡的美味，他很可能会后悔，并影响自己的健康。望着眼前的汉堡，他突然发现，它们每一种都有自己独特的风味，可以说，代表着4种不同的人生模式。

他最先拿起的那个汉堡，口味诱人，却是标准的“垃圾食品”。吃它等于是享受眼前的快乐，同时也埋下未来的痛苦。用它比喻人生，就是及时享乐，透支未来的幸福，即“享乐主义型”。手边的汉堡，口味很差，里边全是蔬菜和有机食物，吃了可以使人日后更健康，但会吃得很痛苦。牺牲眼前的幸福，为的是追求未来的目标，他称之为“忙碌奔波型”。第三种汉堡，是最糟糕的，既不美味，吃了还会影响日后的健康。与此相似的人，对生活丧失了希望和追求，既不享受眼前的事物，也不对未来抱期许，是“虚无主义型”。会不会还有一种汉堡，又好吃，又健康呢？那就是第四种“幸福型”汉堡。一个幸福的人，是既能享受当下所做的事，又可以获得更美满的未来的人。

4个小小的汉堡，4种截然不同的人生态度。在课堂上，当本·沙哈尔让

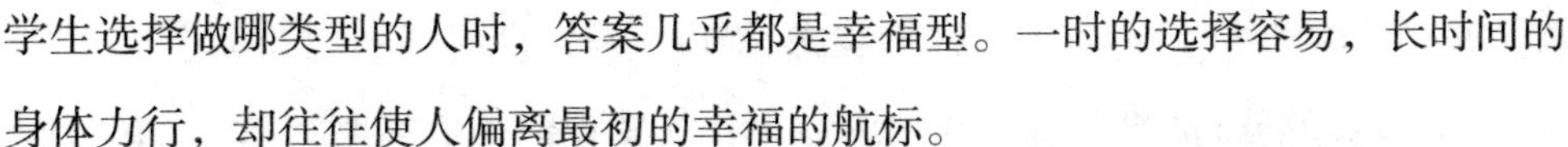

学生选择做哪类型的人时，答案几乎都是幸福型。一时的选择容易，长时间的身体力行，却往往使人偏离最初的幸福的航标。

面对最初的方向，固有的观念和习惯的思维对于“幸福型”的人是很大的干扰。 而人们对于幸福的感知，也总是羡慕别人。

哈利对住在森林公园的一对夫妻羡慕不已，因为公园里有清新的空气，有大片的杉树、竹林，有幽静的林间小道，有鸟语和花香。然而，当这对夫妇知道有人羡慕他们的住所时，却神情诧异。他们认为这儿没有多少值得观光和留恋的景致，远不如城市丰富有趣。

当时，哈利的感觉是，熟悉的地方没有风景。这对夫妇对这儿太熟悉了，花草树木，清风明月，在他们漫长的日子里，已不再有风景的含义，而是已成为习以为常的东西。

追求幸福，就是要选好自己的人生模式，更为关键的，就是挥别那种精神和心境的无知无觉的疲惫状态，做好自己能做的一切，把握今天，着眼未来。

曾听一位教授讲过这样一个故事：

玛格丽特·柯妮女士最近的生活很糟糕，一天早上醒来，她发现刚刚装修好的地下室被水淹了，她惊慌得不知所措。

“我第一个反应，”她这样说，“是想坐下来大哭一场，为自己的损失号啕。但是我没有这样做，我问自己，最坏的情形会怎样？答案很简单：家具可能全泡坏了，嵌板可能给泡得弯曲不平，还留下水渍，地毯也报销了，而保险公司可能不会赔偿这些。

“第二，我问自己，我能做什么来减轻灾情？我先叫孩子把所有可以拿得动的家具搬到没有水的车房里去。我向保险公司经纪人报告，并且用电话请地毯清洁工带吸尘器来。然后我和孩子向邻居借了几台除湿机，使地下室能加速干燥。等到我丈夫下班回家的时候，一切都已经整理就绪了。”

“我考虑了可能发生的最坏情形，想出怎样做些补救，然后动手忙起来，做了我必须做的事。我根本没有时间忧虑。当做完这一切时，我的心里轻松多了。”

很多糟糕的事情发生时，其结果往往并不像我们想象得那么严重。做好眼前你能做的事情，幸福的感觉就会谷底反弹。在时运不济或悲伤痛苦时，常常听到这句话：“想想你自己的幸福。”是的，看看我们的生活，大约有 90% 的事还不错，只有 10% 不太好。如果我们要快乐，就要多想想 90% 的好，而不要过分看重剩余的 10%。你会发现，90% 的幸福因素都已成为事实且存在于今天，而那 10% 的忧虑和悲伤，则来自于自己的担心和假象。即使真的有糟糕的事情会发生，过多的忧虑也无济于事，顺其自然，坦然面对，幸福的感觉才不会被透支。

什么是幸福的本质

在众人的眼中，哈佛的学生，在毕业后理所当然会获得理想、满意的职位，他们会平步青云，在事业的发展和金钱的获取上一帆风顺。但事实则不然，根据心理学家的调查，大多数学生——不管学业成绩是否优秀，都不时地担忧自己面对社会时的境遇，对于金钱和事业的发展依然很迷茫。

在哈佛教授本·沙哈尔的幸福课上，他这样教他的学生看待自己未来的工作与金钱、幸福的关系。

仔细考虑以下 3 个关键问题，先来问问自己：一、什么带给你人生的意义？二、什么带给你快乐？三、你的优势是什么？并且要注意顺序。然后看一下答案，找出这其中的交集，那个工作，就是最能使你感到幸福的工作了。

本·沙哈尔曾遇到过一名律师，他很年轻，在纽约一家知名公司上班，并即将成为合伙人。他的办公室宽敞明亮，坐在他的高级公寓里，中央公园的美景一览无余。年轻人非常努力地工作，一周至少干 60 个小时。早上，他挣扎着起床，把自己拖到办公室，与客户和同事的会议、法律报告与合约事项，占据了他的每一天。当本·沙哈尔问他，在一个理想世界里还想做什么时，这名律师说，最想去一家画廊工作。

“难道说，现实世界里找不到画廊的工作吗？”年轻人说不是的。但如果选择去画廊工作，收入就会少很多，生活水平也会下降。他虽对律师楼里的人很反感，但觉得没其他选择。

为了金钱的保障，被一个不喜欢的工作所捆绑，他每天并不开心。据有关机构统计，在美国，有 50% 的人对自己的工作不甚满意。但本·沙哈尔认为，这些人之所以不开心，并不是因为他们别无选择，而是他们自己作出的决定让他们不开心。因为他们首先看重的是物质与财富，随后才是快乐和意义。

本·沙哈尔认为，“金钱和幸福，都是生存的必需品，并非互相排斥。”

对于许多在社会上打拼的年轻人来说，工作总是困扰着他们，影响着生活的质量和心情。很多人把自己喜怒哀乐的权利统统交给了工作，甘愿受其影响。其主要原因，就在于金钱对生活的平衡。

根据美国心理学家戴维·迈尔斯和埃德·迪纳的研究证实，财富是一种很差的衡量幸福的标准。人们并没有随着社会财富的增加而变得更加幸福。在大多数国家，收入和幸福的相关性是可以忽略不计的；只有在最贫穷的国家里，收入才是适宜的标准。

人是一个欲望和需求不断膨胀的动物，也正是由于不断增长的渴望，才使得一个人不断成长。在满足需求和追求的过程中，如果你的眼里只有金钱，那你的幸福感永远不会有一个底线。

一天，一只鸡啄来啄去满地寻找食物，它要给自己和自己的孩子寻找可以填饱肚子的东西。突然间，它从一堆废弃的树叶中发现了一颗珍珠，它惋惜地说：“如果你的主人找到了你，他会非常高兴地把你捡起来，把你当成宝贵的财富，可我要寻找的是米粒，而不是你，对于我来说，你毫无用处，一文不值啊！世界上所有的珍珠，都不如一颗米粒对我有吸引力。”

又一天，一只精明的猎狗在森林里寻找主人打下来的猎物，在偶然间看到了一袋黄金。它跑上前去嗅一嗅，懊丧地说：“哎，我还以为找到了主人打下来的猎物呢！不过，我相信主人肯定会非常喜欢，说不定他一高兴就每天赏赐我几根骨头呢！”猎狗这样想着，叼起那个口袋跑到主人身边。

“你真是太伟大了！我要用其中的一块黄金给你配一身最好的行头！”主人抚摸着猎狗说。

猎狗连忙恳求道：“不，如果您不介意的话，我想每顿享用几根骨头。”笑逐颜开的主人爽快地答应了，猎狗从此每天都可以吃到骨头。

幸福不是获得更多的金钱与财富，而是得到最适合自己的东西。幸福是可以选择的，我们在选择之前，首先要弄明白自己内心真正需要的是什么，那个能带给你快乐的东西才真正能够使你获得幸福。

哲人说，幸福不仅仅是对某种需要的满足，而是对某种需要的理解。从前，有一公一母两只小猪，它们一直深爱着对方，但在吃食时，母猪发现公猪在吃的方面总是不能让着它，总是先把好的吃掉，有时还要把母猪的那份吃掉一些。公猪日渐肥壮，母猪日渐消瘦，母猪很伤心，总是追问公猪是不是已经不爱自己了，公猪避而不答。终于有一天，屠宰场的人来拉猪的时候，选中了肥壮的公猪，公猪留给母猪这样一句话：“如果爱无法用言语来表达，那就用生命来代替吧！”母猪这时候才明白了公猪以前的所作所为是为了自己能够留下来。

直到生死离别之时，幸福的身影才由模糊逐渐变得清晰。它们已经互相理解了，这种幸福是无法用言语来表达的。

古往今来，幸福在人们的观念里有着不同的内容和解释。很多人说幸福是一种感受，是一种经过，是对满足需求后的一种感受，但更要的，真切的幸福是对需求的一种理解。

第2章

摆脱痛苦，学会追求和享受幸福

痛苦只是幸福路上的调味品

这一天，本·沙哈尔正在食堂吃饭，有个学生走到面前，问道："你就是那个教人如何快乐的老师吧！"

这位学生接着说："你要小心，我的室友选了你的课，如果哪天我发现你并不快乐，我就要告诉他，别再上你的课。"本·沙哈尔看着这个学生，笑着道："没关系，我现在就可以告诉你，我也有不快乐的时刻，因为我是人。"

快乐与痛苦，是生活中永恒的旋律，谁也不敢保证自己时时刻刻都是幸福和快乐的，我们应看重的不是几多痛苦，几多欢笑，而是心在痛苦和欢笑时的选择。

哲人说，苦难本是一条狗。它会在生活的某个拐角不经意地就向我们扑来。如果我们畏惧、躲避，它就凶残地追着我们不放；如果我们直起身子，挥舞着拳头向它大声喝斥，它就只有夹着尾巴灰溜溜地逃走。

生活中的苦痛是幸福的最大障碍，但如果你是那个勇敢挥舞着拳头并大声喝斥的人，它就会成为幸福的调味品。

曾有一位教授讲过这样一个真实的故事：

格连·康宁罕是美国体育运动史上一位伟大的长跑选手，他人生的伟大和幸福，不仅在于他取得的成绩，更在于他笑对苦难、把握命运的信心。

在他 8 岁那年，一场爆炸事故使他双腿严重受伤，而且腿上没有一块完整的肌肤。医生曾断言他此生再也无法行走。面对黯然神伤的父母，康宁罕没有

哭泣，而是大声宣誓：“我一定要站起来！”

康宁罕在床上躺了两个月之后，便尝试着下床了。为了不让父母看见伤心，康宁罕总是背着父母，拄着父亲为他做的那根小拐杖在房间里挪动。钻心的疼痛把他一次次击倒，但他跌得遍体鳞伤也毫不在乎，他坚信自己一定可以重新站起来，重新走路奔跑。几个月后，康宁罕的两条腿可以慢慢地屈伸了。他在心底默默为自己欢呼：“我站起来了！我站起来了！”

于是，康宁罕又想起了离家两英里的一个湖泊。他喜欢那儿的蓝天碧水，他喜欢那儿的小伙伴。康宁罕的心向往着湖泊，更加坚强地锻炼着身体。两年后，他凭借着自己的坚韧和毅力，走到了湖边。从此，康宁罕又开始练习跑步，他把农场上的牛马作为追逐对象，数年如一日，寒暑不放弃。后来，他的双腿就这样“奇迹”般地强壮了起来。再后来，康宁罕不断地挑战自己，成了美国历史上有名的长跑运动员。康宁罕用他的行动告诉我们：苍天不会亏待生命的热爱者，不会辜负与苦难顽强斗争的人心底执着的渴望。

当命运无情地和你开着玩笑的时候，你可以甘愿被它玩弄于股掌之中，也可以选择脱离它的阴影，给心以光明的方向。苦难是一所没人愿意上的大学，心找到幸福方向的人，从那里毕业时，往往都是强者。

一个农夫家里有两个水桶，它们一同被吊在井口上。其中一个对另一个说：“你看起来似乎闷闷不乐，有什么不愉快的事吗？”

“唉，”另一个回答，“我常在想，这真是一场徒劳，好没意思。常常是这样，刚刚重新装满，随即又空了下来。”

“啊，原来是这样。”第一个水桶说，“我倒不觉得如此。我一直这样想：我们空空地来，装得满满地回去！”

在现实生活中也是如此，处于同样的环境之中，有人觉得幸福，有人深感不幸；两个人同时望向窗外：一个人看到星星，一个人看到污泥。这代表着两种截然不同的人生态度。

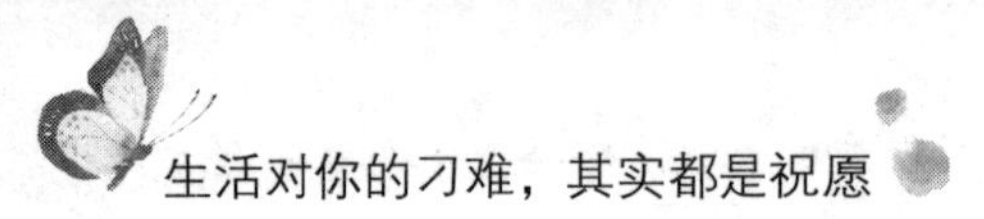

生活中的幸运与不幸，快乐和悲伤，其实都是人的看法而已。

“总有人问我：你能帮我消除痛苦吗？可是，为什么要用这种态度来对待痛苦？痛苦，是我们的人生经验，会让我们从中学到很多。人生的成长和飞跃，经常发生在你觉得非常痛苦的时刻。”本·沙哈尔这样对哈佛的学生说。

没有痛苦，人就只能有卑微的幸福。漫漫人生，每个人都不可避免地会面临悲伤的时刻，比如经历失败或失去，但我们依然可以活得幸福。事实上，期盼每时每刻的快乐，畏惧和逃避现实中的苦难，只会带来失望和不满，并最终导致负面情绪的产生。

一个幸福的人，也会遇到噩运的挑衅，情绪上的起伏，但他懂得保持一种积极的人生态度。这样的人经常被积极的情绪推动着，如欢乐和爱；很少被愤怒、内疚、痛苦、失望等负面情绪所控制。人追求幸福，要记住，快乐是常态，而痛苦都是小插曲。

想要获得幸福，就要摒弃完美主义

哈佛教授本·沙哈尔如今已深受学生喜爱，在课堂上，他讲述了这样一段自己教授幸福课的经历。

刚开始讲“幸福课”时，本·沙哈尔极想把课程讲好，很想扮演一个无所不知、幽默大方的人，成为一位完美的导师。为此，他特地跑到喜剧演员培训班学习。但他不是那种能开激烈的玩笑、做夸张表演的人，无论怎么学，他也达不到想要的戏剧效果。

追求完美，做别人眼中最优秀的老师的想法让他身心疲惫，他渐渐发现这样的讲课效果并不理想，还会慢慢害了自己，让自己失去特色和本色，也害了学生。他总结说，“我每次都很紧张，怕被发现面具下真实的样子，结果把自己搞得很累。这样不仅害了我自己，也伤害了学生，等于给学生树立了一个‘完人’典型，告诉学生走一条永远走不通、错误的路。打开自己，袒露真实的人性，会唤起学生真实的人性。在学生面前做一个自然的人，反而会更受尊重。”

本·沙哈尔对学生强调说，要学会接受自己，不要忽略自己所拥有的独特性；要摆脱“完美主义”，要“学会失败”。

完美的人生，固然是一种理想的状态，但即使是本·沙哈尔这样的知名教授，也难以实现，更何况是普通人了。

追求完美固然是一种积极的人生态度，但如果过分追求完美，而又达不到完美，必然会产生浮躁。过分追求完美往往非但得不偿失，反而会变得毫无完美可言。

曾听说过这样一个笑话：一个男人来到一家婚姻介绍所，进了大门后，迎面见两扇小门，一扇写着：美丽的，另一扇写着：不太美丽的。男人推开“美丽”的门，迎面又是两扇门。一扇写着“年轻”的，另一扇写着“不太年轻”的。男人推开“年轻”的门——这样一路走下去，男人先后推开九道门，当他来到最后一道门时，门上写着一行字：您追求得过于完美了，到天上去找吧。

虽然是一则笑话，但是说明一个道理：真正十全十美的人是找不到的，过分追求完美，最后只会落得失望。

很多人在追求完美的过程中丢失了更远的目标，同时也失去了真正的自我。正所谓大处着眼，小处着手，人做事要有大局观，要细致入微，同时更要懂得不吹毛求疵。为了从 99.9% 跨越到理想中的 100%，为那最终的 0.1% 付出多出正常标准很多倍的时间、精力等资源，或许是一种不明智的选择。要知道，事情到最后的那 0.1% 最难获得，和前面根本不成比例，是得不偿失的，如果它是事情的关键也罢，如果无关紧要、可有可无，那我们实在没有必要刻意地去强求它。

心理学家认为，过分追求完美是一种强迫症，是产生幸福感的最大的障碍，其多见于男性，男女比例约为2：1，主要特征是苛求完美。这些人对自己要求严格，追求完美，同时又有些墨守成规。他们谨小慎微，因为过分重视事物的细节而忽视全局；优柔寡断，面临意外时不知所措。由于行为表现得过度认真、拘谨和执拗，缺少灵活性，也由于过度自我关注、自律和刻板，因此他们很少有自由悠闲的心境，缺乏随遇而安的潇洒，长期处于紧张和焦虑状态。试想，这样的人，他的幸福感是不是会少之又少呢？

其实，每个人在生活中都有自己的位置，每个人都扮演着不同的角色，在自己的世界里，我们是主角，在别人的世界里，我们也许只是龙套。活出真正的自己，坦然面对生活给予的一切，不要让苛求完美的心，使生活失去原本的真实。

一个艳照高照的中午，我去拜访一位刚刚喜得贵子的朋友。一进门，着实热闹，众多熟悉的朋友都在此，彼此寒暄了几句，问候朋友身体安康之后，环视朋友的新家，感觉主人是个讲究生活品质的人。虽不富裕，屋子却布置得简单而富有情趣。向阳台望去，很扎眼地悬挂着几盆花花草草，红绿相间，疏密有致，令人赏心悦目。

“我发现一个问题，这几盆花草有真有假，你们看出来了吗？”我正在愣神的工夫，一位细心的女士说。

“我怎么没有看出来呢？”有人反问道。

“谁能不用手去摸，不靠近用鼻子闻，在五米以外准确地指出真假，我就送给谁一盆郁金香。”主人有些得意地说。

听到主人的话，大家都兴致勃勃地仔细观察起来。

只见眼前的几个盆栽，都长得极为茂盛，看起来个个碧绿如玉，青翠欲滴。花儿也开得艳丽，汪洋恣意。猛然看去，的确难辨真假。可是用心观察，你还是能发现其中的不同。我偶然发现有三盆花依稀能够找到枯萎的残叶，有的叶片上还有淡淡的焦黄，显示出新陈代谢和风雨侵袭的痕迹。可是另外两盆，绿得鲜艳，红得灿烂，没有一片多余的赘叶，没有一丝杂草，更没有一根枯藤。一切都是精心设计精心制造的结果，它们显得完美无缺。看着它们，似乎这完美的东西远不如那些夹杂着残枝败叶的新绿更令人愉快。

其实，人生原本就是极为真实、简单的，且存有不可避免的缺陷。有些人对完美生活的幻想超出了生活本身。刻意装点的生活，就如那盆假花一样，虽然看起来很精致，但总会缺乏生气，缺少生命经历过的真实。如果时时都是如此的心境，事事都是如此的状态，那么生活的一切虽看似华丽或精细，但它始终缺少灵魂的寄托。

努力向前，更要学会享受生活

很多人认为，幸福最简单的模式就是拼命挣钱，当积蓄能够满足自己的挥霍后，享受的人生就此拉开序幕。在这之前，不停地拼搏和奋斗，才是有志向、有抱负的表现。

现实果真如此吗？对此，本·沙哈尔否定了这个观点。他经常在课上讲述的“蒂姆的故事”，是反驳这个观点的一个强有力的论据。从这个故事中，很多人能够发现自己的身影也在其中晃动。

蒂姆从小就过着无忧无虑的生活，但让他没想到的是，上了小学之后，他的人生就走上了忙碌奔波的旅程。父母和老师总告诫他，上学的目的，就是取得好成绩，这样，长大后才能找到好工作。没人告诉他，学校，可以是个获得快乐的地方，学习，可以是件令人开心的事。因为害怕考试考不好，担心作文写错字，蒂姆背负着焦虑和压力。他天天盼望的，就是下课和放学。他的精神寄托就是每年的假期。

大人的价值观在蒂姆的思想里潜移默化地根深蒂固。他虽然不喜欢学校，但必须天天上学，努力学习。成绩好时，父母和老师都夸他，同学们也羡慕他。到高中时，蒂姆已对此深信不疑：牺牲现在，是为了换取未来的幸福；没有痛苦，就不会有收获。当压力大到无法承受时，他安慰自己：一旦上了大学，一切就会变好。

终于，经过长时间的煎熬，蒂姆收到了大学的录取通知书，他激动得落泪了。他长长舒了一口气，心想：现在，可以开心地生活了。但没过几天，那熟悉的焦虑又卷土重来。他担心在和大学同学的竞争中自己不能取胜。如果不能打败他们，自己将来就找不到好工作。

在大学期间，蒂姆依旧奔忙着，极力为自己的履历表增光添彩。他成立学生社团、做义工，参加多种运动项目，小心翼翼地选修课程，但这一切完全不是出于兴趣，而是这些科目可以保证他获得好成绩。

大四那年，蒂姆被一家著名的公司录用了。他又一次兴奋地告诉自己，这次终于可以享受生活了。

刚刚参加工作不久，他就感觉到，每周需要工作84小时的高薪工作充满压力。他又说服自己：没关系，这样干，今后的职位才会更稳固，才能更快地升职。当然，他也有开心的时刻——在加薪、拿到奖金或升职时。但这些满足感很快就消退了。

在漫长的职业生涯中，蒂姆疯狂地工作，经过多年的努力，他成了公司合伙人。这是他一直渴望实现的一个目标。可是，当这一天真的到来时，他却没觉得多快乐。蒂姆拥有了豪宅、名牌跑车。他的存款一辈子都用不完。

终于，蒂姆成功了，朋友拿他当偶像来教育自己的小孩。可是蒂姆呢，由于无法在盲目的追求中找到幸福，他干脆把注意力集中在了眼下，用酗酒、吸毒来麻醉自己。他尽可能延长假期，在阳光下的海滩一待就是几个钟头，享受着毫无目的的人生，再也不去担心明天的事。起初，他快活极了，但很快，他又感到了厌倦。

我们中的很多人，也许经过多年的打拼和艰苦的奋斗，也不能取得蒂姆那

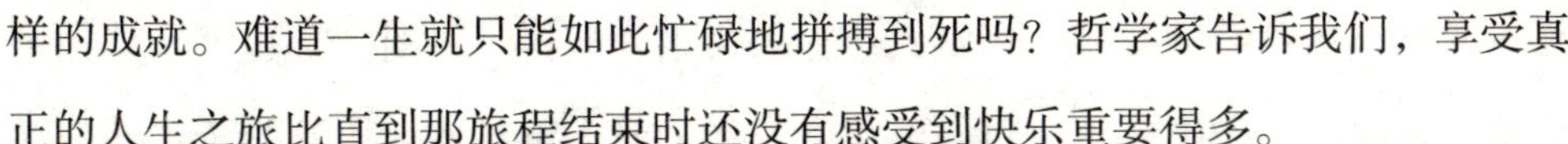

样的成就。难道一生就只能如此忙碌地拼搏到死吗？哲学家告诉我们，享受真正的人生之旅比直到那旅程结束时还没有感受到快乐重要得多。

曾听一位教授在课堂上讲过这样一个故事：

有个人特别羡慕别人骑马，非常渴望有匹自己的马。在他看来，骑马是那么潇洒，那么威风，而用脚走路真是太麻烦，太没有意思了。

有人告诉他，如果想得到马，必须用双脚来换。那人听了之后，立刻毫不犹豫地献出了自己的双脚。于是他得到了一匹马。

骑上马真是太令人兴奋了。正如他所想象的那样，马在草原奔驰，仿佛在天空中飞翔。这种感觉让他沉醉，他庆幸自己的选择。

但是，人总不可能生活在马上，骑了一阵子后，他开始有些疲倦，渐渐变得兴趣索然了。于是，他想下马，可是，没有了脚，他站都站不稳，一切都需要人帮助，到这个时候，他才发现自己所面临的是一种什么样的困境。

这种交易的愚蠢看起来一目了然，道理也十分简单，但生活中仍有不少人执迷不悟。很多人用一生去追求一个看似得到后就会很满足、很幸福的目标，但最终的结果，往往显现的是悔恨。

人是一种有着美好憧憬的动物，年轻的时候，我们总是想着，等到老了以后，得到了许多物质以后，再去好好享受，去环球旅行；当我们有了孩子的时候，总是惦记着让子女好好享受。至于自己到底需不需要享受，自己什么时候享受，却从不去认真考虑。所以，事实上，很多人不会享受。

享受生活归根结底是一种心境。享受的关键在于寻找快乐的人生，而快乐并不在于我们拥有多少、获得多少，生活质量如何，而是在于我们怎样看待周围的人和事，怎样让自己拥有一颗接纳一切快乐事物的心。

本·沙哈尔在课堂上告诉同学们，生活的意义在于感受幸福，在于享受此刻的生活。幸福和爱向来都是孪生兄弟，哪里有爱，哪里就会有幸福的花朵盛开。爱是甘泉，滋养生命，浇灌幸福。一个人要想真正享受幸福，就必须懂得付出，懂得播种爱的芬芳，当别人从你的付出中获得幸福时，你也就享受到了幸福。幸福在给予中获得，也在给予中升华。爱人者被人爱，这是千古不变的真理。只有爱，才能使我们领略到幸福的真谛；只有爱，才能让我们的灵魂充满幸福的香味；也只有爱，才能真正让我们享受到幸福。

你要学习的10条幸福小贴士

曾经有人这样评价本·沙哈尔：他教授的幸福课的出勤率，平均在95%以上。它的奇妙之处在于，当学生们离开教室的时候，都迈着春天一样的步子。由此，我们可以看到本·沙哈尔个人及这门课程的魅力。

幸福对于每个人都有很强的感染力，每个人对幸福的定义不同，获得幸福的途径自然也就有千万条。哈佛幸福课教授本·沙哈尔为了让学生更好地记住“幸福课”的要点，他将幸福课的要义简化成10条小贴士：

1. 遵从你内心的热情。选择对你有意义并且能让你快乐的课，不要只是为了轻松地拿一个A而选课，或选你朋友上的课，或是别人认为你应该上的课。

巴金曾说：“没有人因为多活几年几岁而变老；人老只是由于他抛弃了理想，岁月使皮肤发皱，而失去热情却让灵魂出现皱纹。”热情与激情往往相连，它是推动追求的动力，是幸福的助燃器。

2. 多和朋友们在一起。不要被日常工作缠身，亲密的人际关系，是你幸福感的信号，最有可能为你带来幸福。

古人对幸福的理解很“平淡”，他们说，春有百花秋有月，夏有凉风冬有雪。若无闲事挂心头，便是人间好时节！能够安安心心地和朋友、亲人在一起畅谈、叙旧，本就是一种惬意的事。但更多的年轻人把这视为一种无聊的消遣，

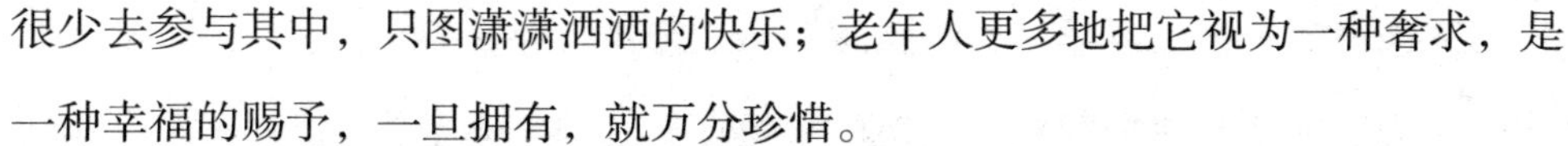

很少去参与其中，只图潇潇洒洒的快乐；老年人更多地把它视为一种奢求，是一种幸福的赐予，一旦拥有，就万分珍惜。

3. 学会失败。成功没有捷径，历史上有成就的人，总是敢于行动，也会经常失败。不要让对失败的恐惧绊住你尝试新事物的脚步。

生活中，很多人总会接二连三地遇到失败，一次又一次跌倒后，勇于站起来的，都是最终的强者。生活不会给予谁怜悯和厚爱，失败总会无情地到来。爱迪生曾深有感触地说："失败也是我需要的，它和成功一样有价值。只有在我知道一切做不好的方法之后，我才知道做好一件工作的方法是什么。"任何失败中都蕴藏着极其丰富的经验教训，都是不可多得的人生教材。从失败的教训中学到东西，往往比从成功中学到的还要深刻。

4. 接受自己全然为人。失望、烦乱、悲伤是人性的一部分。接纳这些，并把它们当成自然之事，允许自己偶尔的失落和伤感；然后问问自己，能做些什么来让自己感觉好过一点。

人生原本平淡，其中更有众多的消极情绪不断滋生。就如有阴天才有晴天一样，这是一种必然。能够坦然地面对自己消极的情绪，尽快调整、转变它的人，他就能主宰自己的心情，把握自己的幸福。

5. 简化生活。更多并不总代表更好，好事多了，也不一定有利。你选了太多的课吗？参加了太多的活动吗？应求精而不在多。

简化生活并非使生活流于平淡，它是对生活的及时清理，它消除了淤塞的搅拌，拓展了思想的空间。洋溢着思想的生活是高品质的生活，它永不媚俗地呈现出本真的光芒，在这样的光芒中，没有追逐名利的疲劳，没有瞻前顾后的烦恼，没有人老珠黄的恐惧，只有充实之后的坦然与从容。简化生活，我们才懂得生活的真正含义，我们将因此获得了豁然开朗的轻松与快慰。

6. 有规律地锻炼。体育运动是你生活中最重要的事情之一。每周只要 3 次，每次只要 30 分钟，就能大大改善你的身心健康。

就像史铁生说的那样，生病的时候，才知道健康是多么幸福。这符合人们往往在失去某些东西之后才会懂得珍惜的真理。“身体是革命的本钱”，同样是幸福的资本。一切的憧憬、幻想，中途的努力、拼搏，以及成功后的享受等，都需要一个健康的身体来承载。善待自己的人生，从善待自己的身体开始。每天抽出半个小时进行锻炼，比在电脑旁边多待半个小时要好处多多。

7. 睡眠。虽然有时“熬通宵”是不可避免的，但每天 7 ~ 9 小时的睡眠是一笔非常棒的投资。这样，在醒着的时候，你会更有效率、更有创造力，也会更开心。

睡眠是最好的药，这对于你的容颜和精神是最好的滋养。给自己选择一个舒适的睡眠环境，认真地投资睡眠，慎重地对待人生这三分之一的时间。

8. 慷慨。现在，你的钱包里可能没有太多钱，你也没有太多时间。但这并不意味着你无法助人。“给予”和“接受”是一件事的两个面。当我们帮助别人时，我们也在帮助自己；当我们帮助自己时，也是在间接地帮助他人。

人常说，送人玫瑰，手留余香当我们慷慨地给予了别人帮助，这份情意的暖流在流入别人心田之后，在某个时刻，定会流回到你的心里。

9. 勇敢。勇气并不是不恐惧，而是心怀恐惧，仍依然向前。

但丁曾说：“我崇拜勇气、坚忍和信心，因为它们一直助我应付我在尘世生活中所遇到的困境。”人生幸福的获得是一个坎坷求索的过程，是对心智的涤荡。时时都拥有勇气面对生活的人，在他幸福人生的字典里没有退缩，只有拼搏。

10. 表达感激。生活中，不要把你的家人、朋友、健康、教育等这一切当成理所当然的。它们都是你回味无穷的礼物。记录他人的点滴恩惠，始终保持感恩之心。每天或至少每周一次，请你把它们记下来。

把点滴的恩情记在心里，你的心会开出温馨的花来。感恩是结草衔环，是滴水之恩涌泉相报。感恩，是一种美德，是一种境界；感恩，是值得你用一生去等待的宝贵机遇；感恩，是值得你用一生去完成的……感恩让我们变得富有，知道快乐，享受温暖；感恩，让人明白爱，然后去爱，最后得到爱。

第3章 命运藏在思想里，躲在努力中

开阔思路，放眼长远

史蒂夫·鲍尔默先生是全球领先的个人及商务软件开发商——微软公司的前首席执行官。鲍尔默先生于 1980 年加盟微软，他是比尔·盖茨聘用的第一位商务经理。

一位教授在课堂上讲述史蒂夫·鲍尔默的事迹，以此来鼓励学生。

鲍尔默从小就很聪明，在上高中时，他的母亲带他参加全国数学大赛，他进入前十名，摇身一变成了数学奇才，拿到哈佛数学系奖学金，这个大奖帮助他实现了他父亲的梦想——考入哈佛。

鲍尔默 1973 年进入哈佛。大学期间，他曾担任校足球队队长，为《红色哈佛》报（Harvard Crimson）和哈佛的文学杂志工作过，并获得了数学和经济学学士学位。

20 年后，鲍尔默功成名就后回到底特律私人学校，在开学典礼上他送给新生的忠告是，“打开你的思路，放远你的视线。”他说，“因为永远有想不到的机会是你没有想到、没有看到的，可是这个机会会给你带来一生惊喜的突变。”

这是哈佛学子鲍尔默对自己成功人生的精彩诠释。思路开阔、目光远见的人，常常能够想在人先，走在人前。

在现今这个资讯时代，商机无处不在。许多白手起家的创业者，往往就是因为抓住了一个稍纵即逝的商机，从此顺利地开始了自己的“掘金”生涯。

能致富的人，思路通常能够放得开，眼光通常要比常人看得远。美国汽车大王亨利·福特有一次被别人问到，如果他失去了他的全部巨额财富的话，他将做些什么事情。他连一秒钟都没有犹豫，他说他会想出另一种人类的基本需求，并迎合这种需求，提供出比别人能够提供的更为便宜和更有质量的服务。他说他完全有把握、有信心在五年之内重新成为一个千万富翁。福特的话可以给我们一个全新的启示：真正敏锐的眼光，是看在潮流之先。

未来是现在的延伸，未来是现在人所创造出来的，所以每一个人都可以通过现在看看大多数人在做什么，找出未来可能会有什么走向。

假如你能在20年前看得出个人电脑将会成为趋势，你现在就是世界首富了。

当时你没有看出来，但是比尔·盖茨看出来了，所以他是世界首富，而你不是。

我们不必要求每个人都有前瞻性的思路、高屋建瓴的眼光，但是只要你从身边的人和事出发，往前看一点点，那就是了不起的成就了。

日本的“电子之父”松下幸之助，是一位富有智慧、善于洞察未来的成功人物，每当人们问及他成功的秘诀时，他总是淡淡一笑，说：“靠的是比别人稍微走得快了一点。”

1917年，松下幸之助在确立自己的事业方向上，靠的就是在自己智慧的基础上形成强烈的超前意识。严格地讲，松下幸之助能同电器结下不解之缘并没有内在的必然联系，他的祖上经营土地，父亲从事米行，而他进入社会首先是涉足商业，所有这些都与电器制造相隔甚远，况且有关电的行业在当时还是凤毛麟角。

然而，他深信，电作为一种新式能源，给人类带来方便的同时，也会带来更多的欲望。灿烂的电气时代如同电灯一样将会照亮人类生活的每个角落，因此，投身电器制造，也一定会前途灿烂。尽管在创业伊始他就受到挫折和打击，但是，这种超前意识使他具有坚定的信念和必胜的信心。正是由于他“稍微走得快了一点”，才使得“松下电器”从无到有，从小到大。

第二次世界大战结束后，世界又恢复了和平。遭受战争创伤的人民，在新的和平环境里又重新燃起对生活和工作的热情。睿智的松下幸之助又“超前”地看到“新文明”将带来世界性的“家电热”。对于“松下电器”，这既是一次难得的发展状大的机会，也是一次艰巨而又严峻的挑战。松下幸之助正是凭借着“稍微走得快了一点”，大刀阔斧地进行机构调整和技术改革，从而使“松下电器”在新的挑战和机遇中得到了前所未有的发展。

20 世纪 50 年代，松下幸之助第一次访问美国和西欧时发现：欧美强大的生产主要基于民主的体制和现代的科技，尽管日本在上述方面还相当落后，然而这一趋势将是历史的必然。松下幸之助正是把握住了这一超前趋势，在日本产业界率先进行了民主体制改革。政治上他给予产业充分的自主权，建立了合理的劳资体制和劳资关系。经济上他改革了日本的低工资制，使职工工资超过欧洲，接近美国水平，并建立了必要的职工退休金，使员工的物质利益得到充分满足。劳动制度上实现每周五天工作日，这在当时的日本还是第一家。

松下幸之助认为：这一改革并非单纯增加一天休息，而是为了进一步促进产品的质量，好的工作成就产生愉快的假日；愉快的假日情绪会产生更出色的工作效率。只有这样，生产才能突飞猛进，效益才能日新月异。

由此可见，在一个人成大事的过程中，要想走得比别人稍快一点，必须具有超前的眼光，看到别人暂时还没有看到的利益。这样你才能赶在别人前面出手，得到更多的收获。

的确，世界上勤奋的人难以计数，而在事业上获得成功的人却不是很多。其原因都在于并不是每个人都有卓越的眼光，都有超前的意识，能看到某个行业未来发展的轨迹。但只要你“打开你的思路，放远你的视线”，抬起头来审视前面的路，你就能脱离平凡，走在人先。

改变思维，就能改变一切

查理斯·艾略特是美国著名的教育家，他于 1853 年毕业于哈佛大学，1863 年赴欧洲考察学习，研究法国和德国的高等教育。1869 ~ 1908 年期间，他担任哈佛大学校长，立足哈佛实际，锐意改革，把哈佛学院从一个地方性大学发展成为全国知名学府。

有这样一件关于查理斯·艾略特的轶事：

1870 年，在查理斯·艾略特出任哈佛大学校长时，他找到当时著名的史学家亨利·亚当斯，想聘请他出任中世纪历史的教授。起初，不管艾略特怎样苦苦劝说，亨利·亚当斯都没有任何表示，后来，亨利·亚当斯谦虚地说："校长先生，我真的一点儿都不懂中世纪的历史。"听到他的回答，艾略特校长则客气地说："如果你能够为我举荐出一位学者比你懂得更多，那我就聘请他。"结果亚当斯只好接受了聘请。

艾略特以自己灵活机智的思维，展现了哈佛校长的个人魅力，同时也告诉哈佛学子，将思维转个弯，很多事情都能迎刃而解。

在哈佛，流传着这样一个故事：

一位优秀的商人杰克，有一天告诉他的儿子说："我已经找好了一个女孩子，我要你娶她。"儿子说："我自己要娶的新娘我自己会决定。"杰克说："但我说的这女孩可是比尔·盖茨的女儿喔"儿子："哇！那这样的话……"在一次聚会中，杰克走向比尔·盖茨。杰克说："我来帮你女儿介绍个好丈夫。"比尔说："我女儿还没想嫁人呢。"杰克说："但我说的这年轻人可是世界银行的副总裁喔。”比尔：“哇！那这样的话……”接着，杰克去见世界银行的总裁，杰克说：“我想介绍一位年轻人来当贵行的副总裁。”总裁说：“我们已经有很多位副总裁，够多了。”杰克说：“但我说的这年轻人可是比尔·盖茨的女婿喔。”总裁说：“哇！那这样的话……”

最后，杰克的儿子娶了比尔·盖茨的女儿，又当上世界银行的副总裁。

这个故事看似不可思议，却有着一个真实的结果。在漫漫人生长路上，许多人利用思维的变化找到了成功的机会，相比之下，那些不善于变通的人，纵有一身过硬的本领，也会因为不懂得因时因地变通，而无法捕捉和把握稍纵即逝的机会，以致无法成功。甚至有的时候，机会向他迎面走来，他也会视而不见，让成功与自己擦肩而过。

法国著名女高音歌唱家玛·迪梅普莱有一个美丽的私人园林。每到周末，总会有人到她的园林里去摘花，采蘑菇，有的甚至搭起帐篷，在草地上野营、野餐，弄得园林一片狼藉，脏乱不堪。

管家曾让人在园林四周围上篱笆，并竖起“私人园林，禁止入内”的木牌，但均无济于事，园林依然不断遭到践踏和破坏。于是，管家只得向主人请示。迪梅普莱听了管家的汇报后，让管家做几个大牌子立在各个路口，一面醒目地写明：如果在园林中被毒蛇咬伤，最近的医院距此 15 公里，驾车约半个小时才能到达。自此以后，再也没有人闯入她的园林。

园林还是那个园林，只是变了一个思路，保护园林的难题就解决了。

无独有偶，在美国发生过这样一件事情。

柯特大饭店是美国加州的一家老牌饭店。饭店老板准备改建一个新式的电梯。他重金请来全国一流的建筑师和工程师，请他们一起商讨该如何进行改建。

建筑师和工程师的经验都很丰富，他们讨论的结论是：饭店必须新换一台大电梯。为了安装好新电梯，饭店必须停止营业半年时间。

“除了关闭饭店半年就没有别的办法了吗？”老板的眉头皱得很紧，“要知道，这样会造成很大的经济损失……”

“必须得这样，不可能有别的方案。”建筑师和工程师们坚持说。

就在这时候，饭店里的清洁工刚好在附近拖地，听到了他们的谈话，他马上直起腰，停止了工作。他望望忧心忡忡、神色犹豫的老板和那两位一脸自信的专家，突然开口说：“如果换作我，你们知道我会怎么来装这个电梯吗？”

工程师瞟了他一眼，不屑地说：“你能怎么做？”

“我会直接在屋子外面装上电梯。”

“多么好的方法啊！”工程师和建筑师听了，顿时诧异得说不出话来。

很快，这家饭店就在屋外装设了一部新电梯，而这就是建筑史上的第一部观光电梯。

在人们的传统思维中，电梯只能安装在室内，却想不到电梯也可以安装在室外，像这样固守成法、循规蹈矩的人比比皆是。问题不在于他们的技术高低、学识多寡，而在于他们突破不了常规的思维方式。工程师和建筑师被专业常识束缚住了，而清洁工的脑子里没有那么多条条框框，思路很开阔，所以才会想出令专家们大跌眼镜的妙招。

生活中最大的成就是不断地自我改造，以使自己悟出生活之道。的确，在很多情况下，外物是无法改变的，我们能改变的就是我们的思想。遇到困难和变化时，让思维尽显其灵活和多变的本质，往往能得到更好地解决问题的方法。

有自己的主见，找到属于自己的路

从前，有一位哈佛中文系的学子酷爱文学，他精心撰写了一篇小说，请一位著名作家指教。因为作家正患眼疾，学生便将作品读给作家听。读到最后一个字，学生停顿下来。作家问道："结束了吗？"听其语气似乎意犹未尽，渴望下文。这一追问，煽起学生的激情，立刻灵感喷发，马上接续道："没有啊！下部分更精彩！"他以自己都难以置信的构思叙述下去。

到达一个段落，作家又似乎难以割舍地问："结束了吗？"

我的小说一定是精彩绝伦，叫人欲罢不能！学生这样想着，心里更加兴奋，更加激昂，更富于创作激情。他不停地往下接续……最后，电话的铃声骤然响起，打断了学生的思路。

这时有客人到作家家里做客，他们的交谈被迫中断了。作家说，"其实你的小说早该收笔，在我第一次询问你是否结束的时候，就应该结束。何必画蛇添足，狗尾续貂？该停则止，看来，你还没把握情节脉络，尤其是缺少决断。决断是当作家的根本，否则，拖泥带水，如何打动读者？"

学生追悔莫及，想想作家的意见，觉得自己的性格和情绪易受外界左右，不能沉下心来把握作品的主旨，恐不是当作家的料。

没过多久，这个学子遇到另一位作家，羞愧地谈及往事，谁知这位作家惊呼：你的反应如此迅捷、思维如此敏锐、编造故事的能力如此强盛，这些正是成为作家的天赋啊！

不同的两位作家，从不同的方面给予了截然相反的两种评价。学生听后，不禁茫然。

哈佛告诉学生，每个人对一种事物都有一个主观的看法和评价，一味在意别人的看法，你将找不到属于自己的路。

美国职业足球教练文斯·伦巴迪当年曾被批评"对足球只懂皮毛，缺乏斗志"。贝多芬学拉小提琴时，技术并不高明，他宁可拉他自己作的曲子，也不肯作技巧上的改善，他的老师说他绝不是个当作曲家的料。但他们都勇于走自己的路，不被别人的意见和评论所左右，最后取得了举世瞩目的成绩。

蒙提·罗伯茨在圣司多罗有个牧马场，他在一次活动的致辞里提到这个故事：初中时，有一次老师叫全班同学写作文。那一晚，一个小男孩费了很大的心血把作文写成了，他描述他的宏伟志向，那就是拥有一个属于自己的牧场。他仔细地画了一张200亩牧场的设计图，上面标有马厩和跑道的位置，在这一大片农场中央还要建一栋占地400平方米的豪宅。

两天后他拿回了作文，看到第一页上打了个又红又大的“F”，小男孩下课后带着作文去找老师：“为什么给我不及格？”老师回答说：“你小小年纪，不要老做白日梦。你没有钱，没有家庭背景，什么都没有，你别太好高骛远了。”他接着说：“如果你肯重写一个不怎么离谱的志愿，我会重新给你打分。”小男孩回家反复思考了很久，然后征询父亲的意见。父亲对他说：“儿子，这是非常重要的决定，你必须自己拿主意。”经过再三考虑，这个男孩决定原样交回。他告诉老师：“即使拿个大红字，我也不愿意放弃梦想。”

“我讲这个故事，是因为各位现在就在这200亩农场及占地400平方米的豪宅中，那份初中时写的作文我至今还保留着。”罗伯茨对大家说，“有意思的是，两年前的夏天，那位老师带了30个学生来到我的农场露营一星期，离开之前，他对我说：‘蒙提，说来有些惭愧，你读初中时我曾泼你冷水，幸亏你有这样的毅力坚持自己的梦想。”

每个人都有自己的特点和优势，别人对你的简单评价，不足以反映你的真实情况。做人要有自己的主见，还要有充分的自信，相信自己的判断力，不要轻而易举地听从他人的意见，而改变自己的主张。每个人的使命终究还要靠自己来完成，你人生的目标，是独一无二的，专属于你自己的。它神秘而又绚烂，值得你用一生去追求。

人要从没路的地方走出一条路来，不要泯灭了自己的个性，一味地模仿别人。那样只会迷失自我，连自己的命运自己都把握不了。“走自己的路，让人们去说吧！”我们对但丁的这句名言并不陌生。可是，我们在生活中是否信奉它，实践它呢？

要知道，在这个世界上，生活着60亿各自具有不同特质的人，在他们各自的生活轨迹中，至少也存有上亿种成功模式。当我们每一个人特定的优势与劣势、需要与理想是如此与众不同时，怎么可能存在一种放之四海而皆准的成功模式呢?

人生只属于自己，一味遵循他人的思想，不敢面对真理是懦弱的表现，这样的人生是悲哀的。我们应该成为主宰自己命运的人，走自己的路，走出自己的风格，走出自己的个性，这样，我们的人生才会是独特的，才会是精彩的。

而且，如同我们每一个人有不同的生活轨迹一样，每一个人对成功的定义也是截然不同的。成功的定义并不取决于你渴望的目标，而是取决于你达到目标后的满意程度。也就是说，每一个人都应该有自己的人生，有自己的成功之路，在这条成功之路上，应该有属于自己的成功底牌，从而打拼出自己不一样的人生。

特立独行，都做有想法的人

在2005年圣诞节的前夕，一位名叫汤玫捷的学生收到了哈佛大学的本科录取通知书，以及每年4.5万美元的全额奖学金。据了解，这种提前录取的情况，中国只有一个，亚洲也只有两个。它意味着，哈佛这所全球顶尖名校，视她为最符合哈佛精神、最需要提前抢到手的优秀学生。

能进哈佛的人，一定是学习成绩最优秀、考分最高的学生。但汤玫捷所在学校的老师对她给予了这样的评价：她不是我们学校成绩最好的学生。她从来没有在各类数理化竞赛中摘金夺银，甚至连奥数课都没有上过。

这不禁让许多学生费解，哈佛凭借什么标准招收学生呢?

拿起哈佛入学的申请表，你会发现，除了我们熟悉的考试成绩之外，还有一大堆学术背景、社会工作、兴趣爱好、老师推荐信，外加两篇小论文。汤玫捷担任过学校的学生会主席，辩论队成员，还作为交换学生，到美国著名私校西德威尔中学学习过一年。甚至在那里，她也被好表现的美国学生称赞为“学生领袖型的人才”。

一位哈佛教授说，哈佛不需要只会考试的应试机器，他们要求学生：有鲜明的个性；有学术精神；有领导能力。哈佛所培养的是国家未来的精英，是在政治、法律、金融、管理和学术各个领域的顶尖精英。哈佛重视的是一个年轻人的综合素质，从知识的适应能力到创造精神，从博雅文化到领袖气质。哈佛需要和培养的是有思想、有想法的人，他们坚信，只有这样的学生，才能推动人类社会的快速进步。

不仅仅是在哈佛，在其他领域，那些有想法的人，也同样更容易受到重视，他们的发展潜能更加巨大。哈佛人懂得，不管在任何关键的时候，正确的想法都是解决问题的唯一途径。想法是大脑的活动，人的一切行为都受它的指导和支配。想法虽然看不见、摸不到，但它真实地存在着。有什么样的想法，就会有什么样的命运。

在现实生活中，我们常听人说，“我一天到晚都很忙，忙得都没有时间去想。”然而，就是“没时间去想”这五个字，却成为成功与失败的分水岭。平庸的人只知道“埋头拉车”，而那些睿智的人却努力想出解决事情的最好方法。

纵览名人的成败史，你会发现，所有伟人的成就在开始时都不过只是一个想法罢了。

有一位才华横溢的年轻画家，早年在巴黎闯荡时一直默默无闻、一贫如洗，连一张画都卖不出去，因为巴黎画店的老板只寄卖名人的作品，年轻的画家根本没机会让自己的画进入画店出售。

但是，这一天，画店来了一位顾客，向老板热切地询问有没有那位年轻画

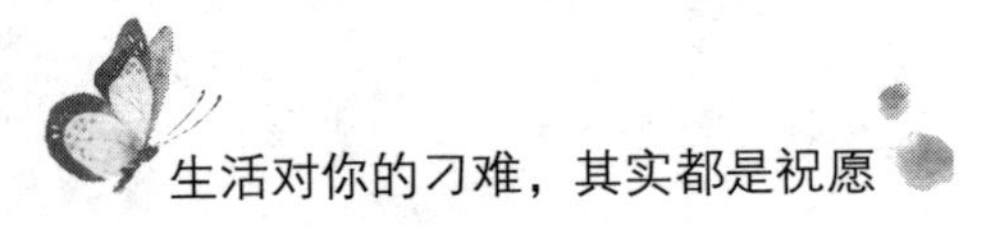

家的画。画店老板拿不出来，最后只能遗憾地看着顾客满脸失望地离去。

在此后的一个多月里，不断有顾客来店里询问年轻画家的事情，画店的老板开始为自己的过失感到后悔，多么渴望再次见到那位原来如此“有名”的画家。

就在老板十分焦急之时，这位年轻画家出现在了画店老板的面前，他成功地拍卖了自己的作品，并因此而一夜成名。

原来，当这位画家兜里只剩下十几枚银币时，他想出了一个聪明的方法：他用钱雇佣了几个大学生，让他们每天去巴黎的大小画店四处转悠，每人在临走的时候都要询问画店的老板：有没有这位画家的画？哪里可以买到他的画？

这个充满智慧的年轻画家便是毕加索。

即使你是世界第一学府哈佛的毕业生，你也要懂得，金子不是在哪里都会发亮的，譬如，当它还埋在沙土中的时候；同样，也不是每一位有才华的人都一定会飞黄腾达，当机遇没有来到的时候，怨天尤人也无济于事。

这时，我们不妨学一学毕加索，动一动脑筋，想一个聪明的办法来创造自己的机遇。那么，成就说不定也就不期而至了。

这一天，日本松下公司准备从新招的三名员工中选出一位做市场策划，于是，公司对他们进行例行上岗前的“魔鬼训练”，予以考核。

公司将他们从东京送到广岛，让他们在那里生活一天，按最低标准给他们每人一天的生活费用2000日元，最后看他们谁剩的钱多。

剩下是不可能的，一罐乌龙茶的价格是300日元，一听可乐的价格是200日元，最便宜的旅馆一夜就需要2000日元……也就是说，他们手里的钱仅仅够在旅馆里住一夜，要么就别睡觉，要么就别吃饭，除非他们在天黑之前让这些钱生出更多的钱。而且，他们必须单独生存，不能联手合作，更不能给人打工。

第一位先生非常聪明，他用500日元买了一副墨镜，用剩下的钱买了一把二手吉他，来到广岛最繁华的地段——新干线售票大厅外的广场上，扮起了“盲人卖艺”，半天下来，他的大琴盒里已经是满满的钞票了。

第二位先生也非常聪明，他花 500 日元做了一个大箱子放在最繁华的广场上，箱子上写着：“将核武器赶出地球——纪念广岛灾难四十周年暨为加快广岛建设大募捐。”然后，他用剩下的钱雇了两个中学生做现场宣传讲演，还不到中午，他的大募捐箱就满了。

第三位先生像是个没头脑的家伙，或许他太累了，他做的第一件事是找了个小餐馆，要了一杯清酒、一份生鱼、一碗米饭，好好地吃了一顿，一下子就消费了 1500 日元。然后，他钻进一辆被废弃的丰田汽车里美美地睡了一觉……

广岛的人真不错，第一位和第二位先生的“生意”都异常红火，一天下来，他们为自己的聪明和不菲的收入暗自窃喜。谁知，傍晚时分，厄运降临到他们头上，一名佩戴胸卡和袖标、腰挎手枪的城市稽查人员出现在广场上。他摘掉了“盲人”的眼镜，摔碎了“盲人”的吉他；撕破了募捐人的箱子并赶走了他雇的学生，没收了他们的“财产”，收缴了他们的身份证，还扬言要以欺诈罪起诉他们……

当第一位先生和第二位先生想方设法借了点路费，狼狈不堪地返回松下公司时，已经比规定时间晚了一天，更让他们脸红的是，那个“稽查人员”已在公司恭候!

原来，他就是那个在饭馆里吃饭、在汽车里睡觉的第三位先生，他的投资是用 150 日元做一个袖标、一枚胸卡，花 350 日元从一个拾垃圾的老人那儿买了一把旧玩具手枪和一把化装用的络腮胡子。当然，还有就是花 1500 日元吃了顿饭。

中国一位传奇的民营企业家也有句名言：“没有做不到的，只有想不到的。”对于敢“想”、会“想”的人来说，这个世界上不存在困难，只存在着暂时还没想到的方法，然而方法终究是会想出来的。所以，对于有想法的人来说，一切困难都会止步于他们的脚下，而成功则会大步流星地向他们走来。

第4章

努力还不够，真正的改变来源于思维的创新

独立思考，培养创新意识

在哈佛，每一个新生入学时都会拿到的《哈佛学习生活指南》，在非常显著的地方，用加大、加粗的字体甚至套色印着这样两段话：

独立思想是美国学界的最高价值。美国高等教育体系以最严肃的态度反对把他人的著作或者观点变为己有——即所谓剽窃。每一个这样做的学生都将受到严厉的惩罚，直至被从大学驱逐出去。

当你在准备任何类型的学术论文——包括口头发言稿、平时作业、考试论文等时，你必须明确地指出：你文章中有哪些观点是从别人的著作或任何形式的文字材料上移入或借鉴而来的。

由此看见，对独立思想的鼓励和培养，是哈佛大学的教育之本。同时，从更深一个层次可以看出，哈佛要求每一个学生拥有创新能力。

不管是经商或是干其他的事情，总是在别人用过的套路里打转只会局限自己，这时你应该做的，就是发展自己的独立思想。当经验在大脑里越积越多，甚至形成一种思维定式的时候，人们总习惯用自己的价值标准和思维模式来评判事物，这就叫作思想僵化。

一般而论，在机遇面前人的心理越趋于保守，就越容易陷入这样的困境，很难适应新的环境。殊不知，时代总是向前，逆水行舟，不进则退，不坚守自己的独立思想，不创新，终将被淘汰。

匈牙利在 20 世纪 40 年代发明了圆珠笔，由于它易于书写和便于携带，所以一经问世便风行全球。这位匈牙利的发明家为此发了财。然而好景不长，这种圆珠笔使用一段时间就会出现漏油的毛病，弄脏纸张及衣袋。因此，圆珠笔上市一两年后就出现了销售危机。

圆珠笔发明者及很多研究圆珠笔的人对于漏油问题都反复进行了深入的研究，大家都发现毛病出在笔珠书写时受到磨损，墨油就跟随磨损部位漏出来。很多人为此绞尽脑汁，却毫无进展，因为大家的注意力一直停留在对笔珠的研究上，拼命在提高笔珠的耐磨性上做文章。当他们把笔珠的耐磨性改善后，笔珠与笔杆接触的耐磨问题冒出来了，而此问题一直没得以解决。

在日本人中田藤三郎的眼中，圆珠笔是个很有发展前途的商品，假如能改进它的漏油问题，自己将会获得比匈牙利发明者更多的财富。于是他也投入该难点的研究。中田分析了圆珠笔的结构及出毛病的原因，也总结了许多人对改进漏油问题的失败经验，最后，他采取逆向思维，获得了防止圆珠笔漏油的方法。所以，中田一举占领了世界圆珠笔市场，获得了远比匈牙利的发明者更多的财富。

中田的做法其实很简单，他是在笔芯上做文章。他通过反复试验，统计当圆珠笔写到多少字后就漏油，在掌握这个数量的基础上，他着手把笔芯的装油量减少，减少到圆珠笔磨损至开始漏油之前，芯子中的笔油已经用完了，这样，就再也无油可漏了。笔芯的油用完了，可换支笔芯，圆珠笔可继续使用。中田没有被常人思考的框框套住，因此巧妙地解决了难题。

对于那些始终保有独立思想的人来说，永远不会跟随众人的思维模式，找到一条独辟蹊径的解决办法的道路，是他们的一种特质。

独立思想是击破思维定式的有效武器。无论是在创新思考的开始，还是在其他某个环节上，当我们的创新思考活动遇到了障碍，陷入了某种困境，难以再继续下去的时候，往往都有必要认真检查一下：我们的头脑中是否有了某种思维定式在起束缚作用？我们是否被某种思维定式捆住了手脚？

世界摩托车销量中，每 4 辆就有 1 辆是“本田”产品，从这个数字里可以看出，“本田”的销售网是何等之大。不过，如此庞大的销售网却是从日本的自行车零售商店开始起步的。

1945 年，“二战”刚刚结束，本田宗一郎弄到 500 个日本军用的电台小引擎。他将这些小巧的引擎安到了自行车上，结果这种改装的自行车非常畅销，500 辆很快就售完了。

本田由此发现了摩托车的潜在市场，成立了“本田技研工业株式会社”，决定开创摩托车事业。

一批批可以装在自行车上的“克泊”牌引擎生产出来了，可是，光靠当地的市场是容纳不了的。本田宗一郎面临着如何将产品推销出去的问题。

本田找到了新的合伙人，他叫藤泽武夫，过去是一位对销售业务自有一套的小承包商。

当本田与藤泽商量如何建立全国性的销售网时，藤泽建议说：“全日本现在约有 200 家摩托车经销店，他们都是我们这样的小制造商拼命巴结的对象，一向心高气傲。如果我们要插入其中，就得损失大部分的利益。”

“但同时，你不要忘记，全国还有 55000 家自行车零售商店。”藤泽接着说，“如果他们为我们经销‘克泊’，对他们来说，既扩大了业务的范围，增加了获利渠道，同时又有刺激自行车销售的好处，加上我们适当地让利，这块肥肉他们会吃的！”

本田一听，觉得是条妙计，便请藤洋立即去办。

于是，一封封信函仿佛雪片般地飞向遍布全日本的自行车零售商店。信中除了详尽介绍了“克伯”引擎，还明确表示，引擎零售价 25 英镑，回扣 7 英镑给他们。

两星期后，13000 家自行车商店作出了积极的反应，藤泽就这样巧妙地为

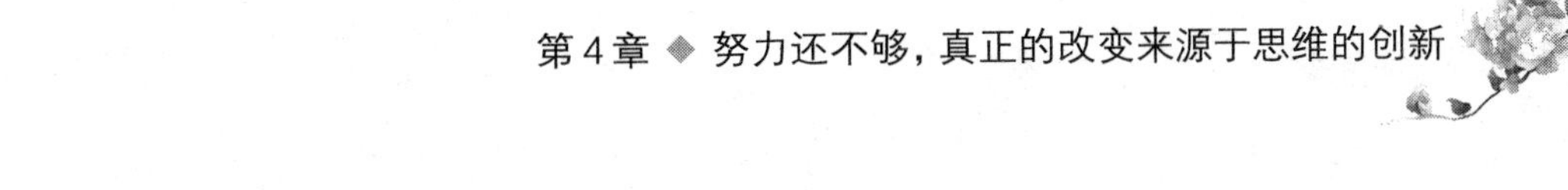

“本田技研工业株式会社”建立了独特的销售网。

本田产品从此开始进军全日本。

成功者说，财富是“想”出来的。人不但要养成思考的好习惯，还要始终坚守自己的独立思想，同时扩展思考的范围，开阔思路，扩展思维，这样才会更好地、更大限度地获取有益的信息，促成自己获得辉煌的成就。

脑里制胜，有想法的人才会成为亿万富翁

谈及哈佛，人们首先想到的就是那里严谨的学术氛围和雄厚的师资力量。然而，哈佛那世界第一学府的名声和成就，不是靠比拼师资取得的，靠的是这里培养出来的学生取得的不凡的成就和对世界的贡献。

美国知名财经杂志《福布斯》曾评出了产生亿万富翁最多的美国14所大学，其中哈佛大学以拥有50名亿万富翁校友而名列榜首。进入该榜单的美国知名大学还包括斯坦福大学、耶鲁大学等。

在《福布斯》评出的469位美国亿万富翁排行榜中，其中50名曾在哈佛大学就读。其亿万富翁代表人物包括微软董事长比尔·盖茨(Bill Gates，他中途辍学)、微软首席执行官史蒂夫·鲍尔默、前纽约市市长迈克尔·布隆伯格、媒体巨头维亚康姆董事长兼首席执行官雷石东等。

由于亿万富翁校友数量最多，哈佛也成为美国得到捐款金额最高的大学，达350亿美元。与名列第二的斯坦福大学相比，哈佛所拥有的亿万富翁校友数量要多出20位。

据一项调查研究表明，在众多亿万富翁的发家史中，我们发现了这样一个规律，那些头脑灵活，敢做敢为的人，远比那些拥有高学历却头脑死板的人要

更有前途。很多亿万富翁的第一桶金，都是源于头脑中灵光的一闪。

头脑是一切竞争的核心，因为它不仅会催生出创意，指导实施，更会在根本上决定成功。它意味着改变外界事物的原动力，如果你希望改变自己的状况，获得进步，那么首先要从改变思维开始。

在我们的头脑里往往有一个误区，以为在现代社会成名获利都要以足够的物质基础为后盾。事实上，在第三产业逐渐发达的今天，只要头脑灵活，感觉敏锐，就可以影响财富的流向。

日本有一家SB公司，生产的产品是咖喱粉。一段时间以来，这家公司的产品滞销，公司的经理一个个都“下了课”，连续换了三任经理。

受命于危难之中，第四任经理田中走马上任。他意识到公司的产品卖不出去的原因是顾客对SB公司的牌子很陌生，很难注意到有这种产品。由于没有足够的资金，大量做广告是不现实的，但是如果不拼死一搏去做广告，那也无异于坐以待毙。

经理田中终于想出了一个巧妙的方法……

几天之后，日本的几家大报，如《读卖新闻》《朝日新闻》等刊登出了这样一条广告：

SB公司专门生产优质的咖喱粉，为了提高产品的知名度，今决定雇数架直升飞机到白雪皑皑的富士山顶，然后把咖喱粉撒在山上。从此以后，我们看到的将不是白色的富士山，而只能看到咖喱粉的颜色了……

在日本，富士山是一大名胜，不仅在日本人心目中，在世界人的心目中，富士山都是日本的象征。在这样神圣的地方，居然有公司胆敢撒咖喱粉？

真是岂有此理！

SB公司的广告刚刚刊出，国内舆论一片哗然。很多人都知道这是SB公司故弄玄虚，但是对如此的言辞也是难以忍受，纷纷指责SB公司。本来名不见经传的SB公司，连续好多天在报纸、电视、电台等各种新闻媒体上成为大家

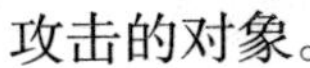

攻击的对象。

在一片舆论的声讨声中，SB 公司的名声大振。临近 SB 公司广告中所说的在富士山撒咖喱粉的日子前一天，原先发表过 SB 公司广告的报纸都刊登出了 SB 公司的郑重声明：

鉴于社会各界的强烈反应，本公司决定取消原来在富士山顶撒咖喱粉的计划。

反对的人们欢庆自己的胜利，田中和 SB 公司的员工们也在欢庆他们的胜利。这样一番折腾，全日本的人都知道有一家生产咖喱粉的公司叫 SB 公司，并且错误地认为这家公司是一家实力超群、财大气粗的公司。很多小商小贩都纷纷投到 SB 公司的门下，大力推销 SB 公司的咖喱粉，SB 公司的咖喱粉一时间成了畅销产品。

在哈佛，每一个学生都在课堂和课余时间锻炼着自己的头脑，扩展自己的眼光和思维。他们知道，这是一个脑力制胜的年代，谁的想法更高明，更有效，谁就更容易提升自己的价值，获得财富的垂青。

年轻人不应拜金，但对财富的追求，对财富的渴望，不可消弱。这不仅仅是改善生活的需求，更是激发大脑潜能，调动大脑思维的最原始的动力。

很多时候，一个金点子，花费不多，却拥有点石成金的力量。只有看到别人看不到的东西的人，才能做到别人做不到的事。灵活的头脑和卓越的思维为我们提供了这种本领，深入地洞察每一个对象，就能在有限的空间，成就一番可观的事业。

思维灵活，激发无限创意

我们都知道，思维是一切竞争的核心，因为它不仅会催生出创意，指导实施，更会在根本上决定成功。它意味着改变外界事物的原动力，如果你希望改变自己的状况，获得进步，那么首先要从改变思维开始。

在现实生活中，我们不难看到这种现象：很多公司的老板都是低学历的人，而手下的打工者中，不乏硕士、博士。这种现象在开放的社会已经较为普遍。我们并不是说这是一种必然，但从一个侧面可以看到，那些头脑灵活、拥有思想的人在这个社会更有打拼的出路。

现如今，不管你是否已经走出校门，你都会感到消费支出在迅速增加，而自己的腰包却越来越空。由此，我们经常听到那些喜欢调侃着憧憬自己一夜暴富的离奇经历，但酒足饭饱之后，一觉醒来，生活依然如初。

一位心理学家称，每个人都容易羡慕别人，因为在比较中，你总会发现比你优越的人。很多人不禁感叹，自己何时能赶上别人，能买房买车，能一夜暴富？世界著名的成功学大师拿破仑·希尔著有《思考致富》一书，在书中，他提出是“思考”致富，而不是“努力工作”致富。希尔强调，最努力工作的人最终绝不会富有。如果你想变富，你需要“思考”，独立思考，而不是盲从他人。对于多数人来说，把思考和金钱联系在一起的，就是创意。

创意不是高深的科学技术，它的起源常常是有心人的灵机一动，不需要经过严谨的学术训练和精密的理论论证。对于创意，任何一个人都可以与之亲密接触，我们在自己的实力不足道的时候，如果能用好创意，常常会达到事半功倍的效果。

曾听一位教授讲过这样一个故事：

因出产夏普牌电视机闻名的早川电机公司董事长早川德次，很小的时候双

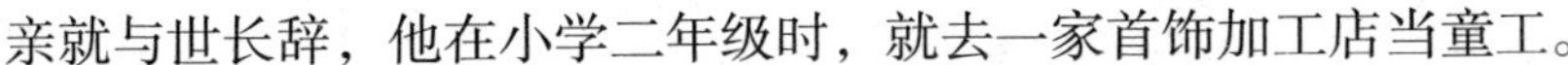

亲就与世长辞，他在小学二年级时，就去一家首饰加工店当童工。

但早川并不自暴自弃，小时候早川就想："在这世界上没有疼爱我的双亲，也没有关心我的长辈，我的处境比任何人都悲惨，但只要我努力生活，就不会输给别人。"

他进首饰加工店之后，每天所做的工作就是照顾小孩，烧饭，洗衣服以及搬运笨重的东西。

这样年复一年地过了 4 个春秋，有一次他鼓起勇气对老板说："老板，请您教我一些做首饰的手工好吗？"

老板不但没答应，反而大骂道："小孩子，你能干什么呢？你喜欢学的话，自己去学好了！"

早川想，好的，不靠别人，要亲自去学，亲自思考，亲自去做。

后来，老板叫他帮忙工作时，他尽量用眼睛看，用心学，一切有关工作上的学识和技能，全部是靠自己偷偷学来的。

他的苦苦挣扎与努力终于没有白费，这使他成为耳聪目明又富于创意的人。他 18 岁就发明了裤带用的金属夹子，22 岁时发明了自动笔。他有了发明，老板便资助他开了一家小工厂。

这种自动笔很受大众喜爱，风行一时。世界没有给他任何东西，他却给世界很多。30 岁时，他在赚到 1000 万日元以后，就把目标转向收音机界，设立平川电机公司。

每个人都有独立的思考能力，当你把这种能力转变为创意时，你的生活现状也许就会发生质的改变。商人说，创意虽然无法标价，但它实施后所创造的价值是切切实实的。

年轻人在刚刚步入社会时，一般很难立即拥有发财致富的机遇，这也符合踏实肯干、付出才能有所收获的道理。也许我们此时实力不足，但如果能用好创意，常常会达到事半功倍的效果。

在日本横滨市，有一家名叫“有马食堂”的餐馆，其外表非常平凡，内部装修也十分简单，一直以来生意只能勉强维持。后来，餐馆经理看到一个女服务员系着一条图案十分有趣的围裙，引得小孩子们围着她转，于是他灵机一动，决定给顾客带来的小孩送上一条绘有动物图案的纸制围裙。

这条纸制围裙价值30日元，图案是当场画上去的。由于孩子们用完餐后能将这条围裙带回家去，所以他们特别喜欢来此用餐，即使没有座位，也要站着耐心等待。为人父母者，看到孩子们得到围裙时欣喜若狂的样子，自然亦十分开心，只要一有机会，就带孩子前来光顾。

创意人人都要有，但它更青睐于细心观察生活并随之跟进的人。一位哈佛学生在毕业后建立自己的企业时说：创意是改变生活的加速度，它可以不是一件实实在在的产品，而是一种另辟蹊径的思维方式。

英国伦敦开了一间女人旅店，叫丽芙酒店，旅店开张之后，立即大受女性欢迎，因为在这里，性骚扰、窥视和挑逗无任何用武之地。酒店的老板说：“一个女人单独入住酒店，经常会惹来怀疑的眼光，不是被视为妓女，就是被当作勾三搭四的荡妇，而且经常受到低劣的服务。酒店大堂挤满男人或男男女女，对一个正经的女人来说，她会觉得很不自然，很不舒服。而住在我们酒店的女士普遍都有一种安全感，因为不会受到任何骚扰。”

这就是创意，简单地说，它就是一种独辟蹊径的思路。创意不需要你凭空设计一种全新的东西，它可以只是在原来基础上的一点点改进，别轻视这一点点，只要运用巧妙，完全可以点石成金。

思路决定财富并不是一句空话，处于困境中的人，如果有心要撬动财富的世界，改变自己的人生历程，只要头脑灵活，感觉敏锐，创意就是你手中最有力的一根杠杆，它可以影响人生的成就和财富的流向。

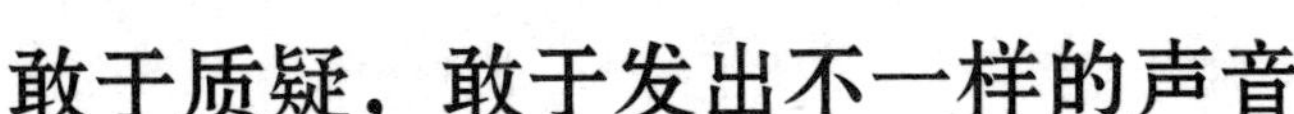

敢于质疑，敢于发出不一样的声音

在哈佛，浓重的学术氛围让每一个来此参观的人肃然起敬。而哈佛自身却不因此而产生高傲感。走进哈佛的课堂，你经常会发现，学生们的创新思维和怀疑精神在这里大受鼓舞。

在哈佛著名的肯尼迪政治学校南边是漂亮的肯尼迪公园，它算得上哈佛校园里最美丽的景点之一了。公园南门的门柱上铭刻着肯尼迪总统在1963年说的一段名言，每天都有千百个早锻炼的哈佛学生从这段名言前经过。那段受到哈佛教授、学生和管理者高度重视的话是：

创造权力的人对国家的强大作出了必不有可少的贡献；但质疑权力的人作出的贡献同样必不可少，特别是当这种质疑与私利无涉之时。因为，正是这些质疑权力的人们在帮助我们作出判断：究竟是我们使用权力，还是权力使用我们？

这段话鼓舞了数以万计的哈佛学子，哈佛人知道，如果说严格的学术规范是独立思想得以存在的一个基本保障，那么怀疑精神便是独立思想得以形成的一个主要的内在动力。

曾在《楚天都市》看到一则报道，一位六年级的小学生，通过对蜜蜂的独立观察，从而发现蜜蜂并非是像科学家解释的那样是用翅膀发音的，而是在翅膀的根部有一个发音器官。于是他带着怀疑的态度，将其写成论文，因而在第18届全国青少年创新大赛上，获得了优秀科技项目创新银奖和高士其科普专项奖。他的善于发现、敢于怀疑证实了对蜜蜂发音器官的进一步了解，对科学也产生了重要的影响。

每个人都有自己的独立思想，都对事物有着自己的看法。一个年仅十一二岁的小学生能够怀疑科学，挑战权威，也许是他的纯真和不经世事在推动着他发现真理。许多成年人，特别是处于某个权威手下的人，他们的怀疑精神和自信力，是否能如这个小孩般饱满和坚定呢?

古人说："疑似之迹，不可不察。""于无疑处有疑，方是进矣。"对一些问题，我们要善于质疑，要敢于挑战权威。

小泽征尔的名字如今已经如雷贯耳，他是20世纪杰出的音乐家之一。很早以前，小泽征尔在中国演出时，他无意中听到了瞎子阿炳的"二泉映月"，他哭了，紧接着忽然当场跪下！他感慨地说："这样的音乐应该跪着听！"于是，许许多多的中国人深深地记住了这个日本人的名字。同时，让他被整个世界认识和记住的，还有他充满挑战性的自信心。

在小泽征尔成为世界著名的交响乐指挥家后不久，在一次世界优秀指挥家大赛的决赛中，评委会随即抽取了一份乐谱给他，可想而知，这份乐谱的难度绝非一般人能够指挥的。他按照评委的要求指挥演奏，但刚刚开始不久，他就敏锐地发现了不和谐的声音。起初，他以为是乐队演奏出了错误，就停下来重新演奏，但还是不对。他大声地对台下的评委说："我觉得是乐谱有问题。"这时，在场的作曲家和评委会的权威人士坚持说乐谱绝对没有问题，是他错了。面对一大批音乐大师和权威人士，他思考再三，最后斩钉截铁地大声说"不！一定是乐谱错了！"话音刚落，评委席上的评委们立即站起来，报以热烈的掌声，祝贺他大赛夺冠。

原来，这是评委们精心设计的"圈套"，以此来检验指挥家在发现乐谱错误并遭到权威人士"否定"的情况下能否坚持自己的正确主张。前两位参加决赛的指挥家虽然也发现了错误，但终因没有信心坚持自己的观点，随声附和权威们的意见而被淘汰。小泽征尔却因充满自信摘取了世界指挥家大赛的桂冠。

不敢挑战权威、只会随声附和的人，不仅仅会失去成功的机会和别人的赏识，更遗憾的是，他们会失去那种让自己的思想自由迸发，最后被别人认可的快乐。

在哈佛，很多学生都曾体验到这种最终获得“胜利”的喜悦。哈佛教授们早就习惯了学生尖锐的质疑和直率的批判，许多教授公认没有受到学生挑战的课是最沉闷无聊的课，也是最失败的课。他们懂得，怀疑精神的培养，不仅是学生个人思想和学识增进的必需，也是国家和民族能够不断反思过去、质疑现在、求新求变、充满活力的必需。

在哈佛的课堂上，学生讨论时质疑教师的言论、挑战现存理论和方法的表现，是教师评分的重要依据。一个学生若没有提出过疑问或不同见解，哈佛教授们对他一般只会有两种判断：要么对这门学科不感兴趣，要么没有学习能力。无论哪一种情况，他都不可能获得很好的分数。

哲人说，我爱我师，我更爱真理。敢于提出自己的质疑，发出自己的声音，在充满自由的思维状态下思考问题，不畏首畏尾，不为传统权威束缚，才能有所创新。

理越辩越明，大胆地对问题提出不同的见解，激发自己的求知欲，你就会一步步成为与众不同的成功者。

第5章

把理想落于实际，重视生存的能力

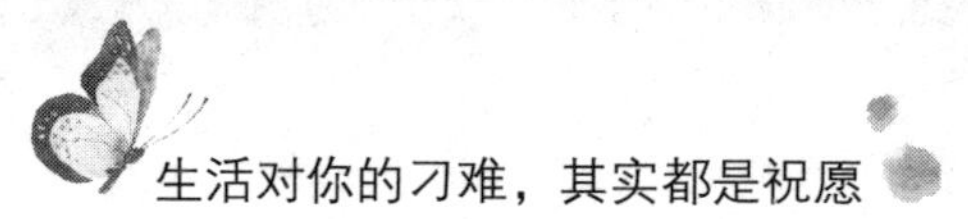

有梦想，更要脚踏实地

当我们还“恰同学少年，书生意气”时，有多少人豪气万丈，为自己编织美好的未来，希冀自己或者小有所成，成为某个行业的精英；或者在未来的某个机遇的承载下，拥有自己的事业，创立自己的企业……从小，我们就被灌输理想对人生的作用和价值，树立理想是好事，它可以匡正你的言行，让你的努力都有一个明晰的主线；而很多年轻人，对于理想的憧憬，却似乎过了头。

如果你每天都在展望自己的未来，让心智沉浸其中，却无切实可行的计划和措施，那你最好早早抬起头，看看现实的境遇。憧憬有时会是拖累人生的陷阱。

著名的心理学教授丹尼尔·吉尔伯特认为：当人对未来充满憧憬时，那种感觉仿佛就像你已经在经历那一刻的美好，但这不过是个想象的黑洞，会无休止地融入我们毫无关联的期待与先入为主。

我们用想象去涵盖未来，反而会抹杀自己对未来更为可靠的理性预测。吉尔伯特教授与卡内基·梅隆大学的社会心理学家凯里·摩尔维吉展开合作，并在波士顿美国科学发展协会会议上公布的研究结果，给许多学生和年轻人以醍醐灌顶之感。

想象未来、憧憬梦想，这在我们的观念里是极其正面的，树立人生理想，让理想指引自己前行，这千百年来的教育思想，在今天看来，落伍了吗？

吉尔伯特针对这一问题专门做过这样的一个小实验。他邀请数名哈佛大学学生到一个放有许多包薯片、沙丁鱼以及巧克力的实验室里。一组学生被要求想象一下进食这类食物的顺序，然后再吃；另一组学生则直接拿起这些零食就吃。“想象组”在真正吃之前都认为，吃完沙丁鱼再吃薯片，薯片将比吃完巧克力再吃的话更好吃一些。吉尔伯特说，“那是错的。”不管学生们先吃的是薯片还是沙丁鱼或巧克力，实际情况都没差别。薯片好不好吃，只在于薯片本身。

心理学家认为，当人们尝试着估计自己能从未来的经历中获得多大的乐趣时，他们已经错了。人生只有经历过，才能品尝出真实的味道，也只有脚踏实地地看待生活，才会活出自己。

眼光长远、深谋远虑的人，常被夸赞睿智，而很多人在憧憬未来之时，却增添了几分浮躁之气。具体表现在事情刚做到一半就觉得要大功告成，开始飘飘然起来。急功近利，只讲速度，不讲质量，看不起眼前的小事，认为如此做不出什么名堂来，没有什么意义。他们的兴趣没有被提升起来，挑战自己和别人的欲望也被压抑着。

在生活中，输得最惨的往往是些聪明人而不是笨人。原因就在于笨人知道自己不够聪明，只能靠苦干、实干才能创造好的生活，最终他们如愿以偿了。而聪明人做事时则不肯下力气，总想着要小聪明，投机取巧，所以往往输得很惨。因此，智慧和实干比起来，实干更加不可或缺。

1871 年的春天，英国医学院的学生威廉斯勒不明白应该怎么处理远大的理想和具体的身边小事，一个人应该有怎么样的做事态度才能成功。他的老师的一句话让他眼前一亮：“最重要的，就是不要去看模糊的远方，而要做手边最具体的事情。”他这才恍然大悟：是啊，不论多么远大的理想，都需要一步步实现啊；不论多么浩大的工程，都需要一砖一瓦垒起来啊！

也就是从那一天开始，威廉斯勒开始埋头读书，两年以后，威廉斯勒以全校最优异的成绩毕业。毕业后，他来到一家医院做医生。他认真对待每一个患者，对每一次出诊都一丝不苟。兢兢业业的态度和精益求精的精神，使他很快成了当地的名医。几年以后，他创办了约翰·霍普金斯学院。他把自己的人生态度贯彻到每一个细节里。许多专家学者慕名来到他的学院工作，使他的学院很快成为英国乃至世界最知名的医学院。威廉斯勒总是告诉他身边的人：最重要的是把你手边的事情做好，这就足够了。

很多时候，美好的憧憬总会若隐若现地给人以幻觉，让他们觉得自己离它很近，只要完成几小步的跨越就可以到达。但其实不然，现实的境地不并会因你的想象而变得容易。

当一个人不重视眼前的实际，身处“这山望着那山高”的境地时，那表示他忘记了理想必须扎根在现实的土壤上，结果只能被理想和现实同时抛弃。你在人生的过程中会看到许多山峰，但你不可能翻越每一座山峰，得到所有美好的东西。命运对任何人都是公平的，当你为没有得到而苦恼时，还是仔细想一下自己将会失去什么吧！

作为走向社会不久的年轻人，让自己沉下心来进入角色是非常重要的，越早进入就意味着越早地步入事业的轨道。每天都让自己成熟一些，浮躁之气自然会少下来。

用自己的脚，坚持走完泥泞的路

众所周知，哈佛大学诞生了7位美国总统，约翰·肯尼迪就是其中的一位。这位美国第三十五任总统为美利坚合众国的发展作出了杰出的贡献，他的诸多事迹，在哈佛大学的讲堂上广为流传。

曾听一位教授讲过这样一个故事：

约翰·肯尼迪小的时候，父亲就很注意对他独立性格和精神状态的培养。

一次，父子二人驾着马车出外游玩，在一个拐弯处，由于马上速度太快，小肯尼迪从马车上摔了下来。

他以为父亲会下车帮他，就趴在地上没有起来，然而父亲却坐在马车上悠闲地抽起烟来。肯尼迪喊道："爸爸，快来扶我！"父亲问道："你摔疼了吗？"儿子带着哭腔说："是的，我感觉自己爬不起来了。"父亲严厉地说道："那也要自己站起来，重新爬上马车。"

肯尼迪挣扎着从地上站了起来，摇摇晃晃地爬上马车，满脸抱怨地问父亲："你为什么要这样做？"父亲语重心长地说："儿子，人生就是这样，跌倒了，爬起来，奔跑，再跌倒，再爬起来，再奔跑。在任何时候都要靠自己，没有人会去扶你的。"

很多年轻人，虽然已经步入成熟的年纪，但由于家庭的影响，从小就缺乏独立性格和自主意识。遇到困难，若一味将希望寄托于他人，便会使自己形成惰性，从而使自己失去独立思考和行动的能力。

英国历史学家弗劳德所说："一棵树如果要结出果实，必须先在土壤里扎下根。同样，一个人首先要学会依靠自己、尊重自己、不接受他人的施舍，不等待命运的馈赠。只有在这样的基础上，才可能做出成就。"

不可否认，人生在世，总要或多或少地依靠来自自身以外的各种帮助，比如父母的养育、师长的教诲、朋友的关爱、社会的鼓励……可以说，人从呱呱坠地那一刻起，就已开始接受他人给予的种种帮助。然而，许多人把自己立身于社会的希望完全寄托在父母和朋友的身上。这样的人，显然不可能在生活上自立自强、在事业上有所作为。有句话说：靠吃别人的饭过日子，就会饿一辈子。而现实中的有些年轻人，他们在家靠父母，工作靠单位，稍有挫折便会一蹶不振。

面对人生的困境，你要懂得，求人不如求已。总想着依靠他人的帮助，总想有人能在危难时搀扶你一把，你永远也无法完成任何伟大的事业。只有自主的人，才能傲立于世，才能力拔群雄，才能开拓自己的天地。潜能激励专家魏特利曾说过这样的话：“没有人会带你去钓鱼，要学会自立自主。”

在魏特利9岁的时候，有一天，一个士兵朋友说：“星期天早上五点，我带你到船上钓鱼。”魏特利听了兴奋不已。周六晚上，为了确保不迟到，他甚至穿上了网球鞋上床睡觉。一大早，他就爬出卧室窗口，备好渔具箱，另外还带了备用的鱼钩及鱼线，将钓竿上的轴上好了油。四点整，他就怀着满腔的热情坐在屋门口摸黑等着他的士兵朋友的出现。但是朋友失约了。魏特利这时并没有爬回床生闷气或是懊恼不已，相反，他认识到这可能就是他一生中学会自立自主的关键时刻。

于是，他跑到附近的售货摊，花光帮人除草所赚的钱，买了一艘心仪已久的橡胶救生艇。近午时分，他将橡胶艇充上气，顶在头上，里面放着钓鱼的用具，活像个原始狩猎人。魏特利摇着桨，滑入水中，假装自己在启动一艘豪华大油轮。那天，他钓到了一些鱼，又享用了带去的三明治，用军用壶喝了一些果汁。

魏特利回忆那天的光景时说：那是他一生中最美妙的日子之一，是生命中的一大高潮。士兵的失约教育了他，凡事要自己去做。

生活中最大的危险不在于别人，而在于自身；不在于自己没有想法，而在于总是想依赖别人。

依赖足以抹杀一个人意欲前进的雄心和勇气，阻止他用自己的努力去换取成功的快乐。依赖会让一个人日复一日地裹足不前，以致一生碌碌无为。过度依赖，会使我们丧失独立的权利，它是给自己未来挖下的失败陷阱。

法国著名的小说家小仲马，年轻时喜欢创作，头几年写的作品统统被编辑退回来。他父亲大仲马怕儿子受不了打击，便建议说：“你如果能在寄稿时告诉编辑你是大仲马的儿子，或许情况就会好多了。”小仲马固执地说：“不，我不想坐在你的肩头上摘苹果，那样摘来的苹果没味道。”年轻的小仲马不但拒绝以父亲的盛名做自己事业的敲门砖，而且不露声色地给自己取了十几个其他姓氏的笔名，以免让那些编辑把他与大名鼎鼎的父亲联系起来。

小仲马面对那些冷酷无情的退稿笺，没有沮丧，他对自己说："我能成功，一定能成功！"他的长篇小说《茶花女》寄出后，终于以其绝妙的构思和精彩的文笔震撼了一位知名的老编辑。这位编辑曾和大仲马有过多年的书信来往，他发现《茶花女》投稿人的地址和大仲马的地址丝毫不差，怀疑是大仲马另取的笔名，但作品的风格和大仲马的迥然不同。他带着这些疑问去拜访大仲马。

令他大吃一惊的是，《茶花女》这部伟大作品的作者，竟是大仲马的儿子小仲马。"你为何不在你的稿子上署上你的真实姓名呢？"老编辑不解地问小仲马，小仲马说："我只想拥有自己真实的高度。"

别人所给予的永远都不会属于你自己。一个想要成功的人，不应满足于送入笼中的食物，而应该努力掌握捕猎的技能，找寻开启这个世界的钥匙。没有什么神明能保佑你，能帮助你摆脱现状的唯有自己——你就是自己的主宰！

摒弃浮躁，踏实努力

我们任何一个人都知道，不管我们在校时多么优秀，毕业后都是一个零，都是一张白纸。在社会的浪潮中，唯有踏踏实实干事，不浮躁、不轻狂的人，才能成就一番大事。

在职场上流行着这样一句话：要肯干，更要能干。能干工作，能干好工作是职场生存的基本保障。任何人做工作的前提条件都是能干，也就是说他的能力能够胜任这项工作。因此，你具有的能力，决定了你能担任的工作性质，也随之影响着你的生活品质。

现实的生活对每个人都是一场综合的考验，不会对谁网开一面。不管你求学于哪一所高校，在课堂上掌握的书本理论的多寡，并不能代表实际能力的强弱。真正能把人从饥饿、贫困和痛苦中拯救出来的，是劳动和生存的技能，是思想攀升的高度，是踏踏实实干事的作风。

对于年轻人来说，想得远不是错误，前提是你必须做得踏实。不可否认，浮躁的现象在这一代的年轻人中普遍存在，具体表现在事情刚做到一半就觉得要大功告成，开始飘飘然起来。他们急功近利，只讲速度，不讲质量，看不起眼前的小事，认为干它没有什么意义。他们的兴趣没有被提升起来，挑战自己和别人的欲望也被压抑着。

我们要懂得，在刚刚步入社会时，让自己沉下心来进入角色是非常重要的，越早进入就意味着越早地步入了事业的轨道。每天都让自己成熟一些，浮躁之气自然会少下来。

曾听一位教授讲过这样一位毕业生的经历：

这一年，约瑟夫从大学毕业，他决定在纽约扎根并做出一番事业来。他的专业是建筑设计，本来毕业时是和一家著名的建筑设计院签了工作意向的，但由于那家设计院在外地，约瑟夫未经考虑就决定不去。如果去了，他会受到系统的专业训练和锻炼，并将一直沿着建筑设计的路子走下去。可是一想到要几十年在一个不变的环境里工作，或许永远没有出头之日，这点让约瑟夫彻底断了去那里工作的念头。

他在纽约找了几家建筑公司，大公司不要没有经验的刚出校门的学生，小公司约瑟夫又看不上，无奈只好转行，到一家贸易公司做市场。一段时间后，由于业绩得不到提高，身心疲惫的约瑟夫对工作产生了厌倦情绪。但心高气傲的他觉得如果自己单干肯定会更好，于是他联系了几个朋友一起做建材生意。本以为自己是“专业人士”，做建材生意有优势，可是建筑设计与建材销售毕竟是两码事。不到一年，生意亏本了，朋友们也因利益关系闹得不欢而散。

无奈之下的约瑟夫只好再换工作，挣钱还债。由于对工作环境不满意，几年下来，他又先后换了几次工作，但都不如意，约瑟夫对前途彻底失去了信心。现在专业知识已忘得差不多了，由于没有实践经验，再想做几乎是不可能了。约瑟夫虽然工作经验丰富，跨了好几个行业，可是没有一段经历能称得上成功……现实的残酷使约瑟夫陷入很尴尬的境地，这是他当初无论如何也没想到的。

“这山望着那山高”的想法切不可有，如果你忽略了理想必须扎根在现实的土壤中，结果只能被理想和现实同时抛弃。你在人生的过程中会看到许多山峰，但你不可能翻越每一座山峰，得到所有美好的东西。命运对任何人都是公平的，当你为没有得到而苦恼时，还是仔细想一下自己将会失去什么吧！

“节制和劳动是人类的两个真正医生。”伟大的哲学家卢梭的这句名言对现今的年轻人仍有很好的教育意义。哲人说，即使每个年轻人都是块好铁，也总得锻炼锻炼才能成钢。你在为生存而付出的劳动里，锻炼了一切与理想相关的东西，比如自信、尊严、才识和能力。沉重是生活的一部分，我们享受生活的欢乐，也要接纳生活的沉重，因为生命中有一些责任是你必须要承担的，你必须负重前行，脚步才不会太飘忽。

年轻人要励志、要奋进，却不可在一些激动人心的言辞中养成一种浮躁心态。著名的经济学者钟先生，曾就这一现象对急于创业的年轻人提出过警示：

某卫视台曾请了几位声名赫赫的企业家和社会学者做节目，现场气氛非常热烈，听企业家们阐述了自己的成功经历后，一位青年人在那里阐述自己的梦想：“我很快就要毕业，但我不愿意按部就班，出去找一份工作，为人家打工。我要自己创业做老板，你们的成功经验给了我很大的鼓励……”一位著名企业家为现场的气氛所感染，很激动地发言：“我们现在遇到五千年以来最好的历史时期，你们创业的机会比我们这一代更多，你们一定会成功，你们这一代一定比我们这一代强！”这话青年们听了真是高兴，热烈的掌声经久不息。在座的经济学家钟先生实在忍不住了，告诉大家，现在的机会是不是比八九十年代多，要看怎么看，比如，做老板的机会就并不比以前多。大家应该少一点做老板的心思，多一点打工心态，做老板也得要有经验准备过程。但这大实话没有引起多少掌声，正陶醉在做老板梦想中的青年们是不大听得进这等不太中听的话的。

哲学家告诉我们，思想上有高度、有深度、有远见，这样的年轻人肯定会受到别人的称赞，但他们更应该懂得随时检验自己的行动是否与现实脱节。

对于很多年轻人来说，理想和现实在他们的脑海里交织在一起，它们的关系如何，怎么也弄不清。这时，你不妨听听先贤的训示：年轻人要志存高远，坚信“王侯将相，宁有种乎”；也要踏实奋进，懂得“一屋不扫，何以扫天下”的道理。踏实做事、本色做人，每一个年轻人在社会的浪潮中都能很容易找到自己的位置，并更加顺利地践行自己的理想。

梦想能激发潜能，但它不是幻想

曾经有这样一个故事：

许多年前，一位劳苦的牧羊人领着两个年幼的儿子以替别人放羊来维持生计。一天，他们赶着羊来到一个山坡上，这时，一群大雁叫着从他们的头顶上飞过，并很快消失在远处。牧羊人的小儿子问他的父亲：“大雁要往哪里飞？”“它们要去一个温暖的地方，在那里安家，度过寒冷的冬天。”牧羊人说。他的大儿子眨着眼睛羡慕地说：“要是我们也能像大雁一样飞起来就好了，那我就要飞得比大雁还要高，去天堂，看妈妈是不是在那里。”小儿子也对父亲说：“做个会飞的大雁多好啊！那样就不用放羊了，可以飞到自己想去的地方。”

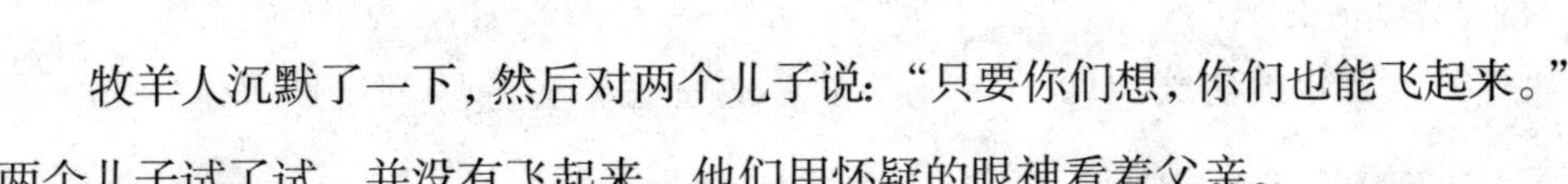

牧羊人沉默了一下，然后对两个儿子说："只要你们想，你们也能飞起来。"两个儿子试了试，并没有飞起来。他们用怀疑的眼神看着父亲。

牧羊人说，让我飞给你们看，于是他飞了两下，也没飞起来。牧羊人肯定地说，我是因为年纪大了才飞不起来，你们还小，只要不断努力，就一定能飞起来，去想去的地方。

儿子们牢牢记住了父亲的话，并一直不断地努力。他们长大以后，果然飞起来了，他们发明了飞机。他们就是美国的莱特兄弟。

哲人说过，"梦想指引我们飞升"。莱特兄弟的成功靠的并不只是一个梦想，而是在拥有梦想之后为之坚持不懈地努力。他们几十年如一日，调动自己最大的激情和潜能，从自行车修理专卖店开始，一步步积累资金，并学习和研究前沿的机械制造技术，在一次又一次的试飞后，才实现了他们飞翔的梦想。

大多数人都知道梦想里隐藏着无限的积极力量，但对于如何把梦想变为现实，他们常有种抓不到重点的感觉。

要知道，理想不同于妄想和幻想。目标要切实可行，行动要脚踏实地，这样，你离你的梦想就不远了。

美国汽车工业巨头福特曾经特别欣赏一位年轻人的才能，他想帮助这个年轻人实现自己的梦想。可这位年轻人的梦想却把福特吓了一跳：他一生最大的愿望就是赚到 10000 亿美元——超过福特现有财产的 100 倍。

福特问他："你要那么多钱做什么？"

年轻人迟疑了一会儿，说："老实讲，我也不知道，但我觉着只有那样才算是成功。"

福特说："一个人果真拥有那么多钱，将会威胁整个世界，我看你还是先别考虑这件事吧。"

5 年后的一天，年轻人告诉福特，他想创办一所大学，他已经有了 10 万美元，还缺少 10 万。福特这时开始帮助他，他们再没有提过那 10000 亿美元的事。

经过8年的努力，年轻人成功了，他就是著名的伊利诺斯大学的创始人本·伊利诺斯。

10000亿美元是个天文数字，很显然，这个梦想是不切实际的，本·伊利诺斯当时已经到了狂想的地步。拥有如此的梦想，只能让茫然的人更加茫然。哈佛教授说，我们关于梦想的勾勒应该是这样的：我目前拥有什么，我从哪里做起才能让自己的生活发生一些正面的变化。

同时你也必须明白，梦想的实现，需要你一步一个脚印地积累。决心实现长远目标的人都知道，进步是一点一滴不断地努力得来的。例如，房屋是由一砖一瓦堆砌成的，篮球比赛的最后胜利是由一次一次的得分累积而成的，商店的繁荣也是靠着一个一个的顾客在不停地购物过程中形成的，所以每一个重大的成就都是一系列的小成就累积而成的。

有时某些人看似一夜成名，但是如果你仔细看看他们过去的历史，就知道他们的成功并不是偶然得来的，他们为了实现梦想早已投入无数心血，打好坚固的基础了。那些暴起暴落的人物，声名来得快，去得也快。他们的成功往往只是昙花一现而已，他们并没有深厚的根基与雄厚的实力。

留心观察生活，你也许会发现这样一种有趣的现象：当你一心立大志、成大事的时候，很可能穷尽一生也两手空空；当你暂时收起了雄心壮志，从身边小事开始行动时，反而会柳暗花明，出现意想不到的好机遇。

因此，哈佛告诫学生，不管你的梦想多么高远，先做触手可及的小事。你朝目标迈进的每一步都会增加你的快乐、热忱与自信。每天努力工作，你的心中就会逐渐激发出你相信每件事都会成功的绝对信心。每天的进步能让你祛除恐惧，践踏怀疑。你会从积极的思考进展成为积极的领悟，没有一件事情可以阻挡得了你。

梦想是一支火把，它能最大限度地燃烧一个人的潜能；但幻想是一片沼泽，它会让你在一片迷途中越陷越深。树立最适合自己的、切合实际的梦想，才能

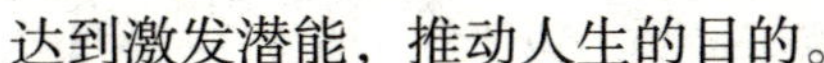

达到激发潜能，推动人生的目的。

从现实出发，远见和行动才是世界的希望

“不要怕目标定得太高，你可能需要退而求其次。”这是《世界经理人》杂志曾发表的哈佛成功金句25则中的一句话。

成功从确立目标后的脚踏实地开始，一个具有崇高理想和远大志向的人，毫无疑问会比一个根本没有目标的人更有作为。有句苏格兰谚语说：“扯住金制长袍的人，或许可以得到一只金袖子。” 中国古人也早就说过：“取法上者得乎中，取法中者得乎下，取法下者得乎无。”

曾听一位教授在课堂上举过这样一个例子：

从前有两个人，他们都想到远方去，一个人想到日本，一个人想到美洲。他们同时从蓬莱出海，结果两人都没有到达目的地。但想到美洲去的人到达了日本，而想到日本去的人只到了朝鲜半岛。

对于那些志存高远、行胜于言的人来说，他们所取得的成就必定会远远离开起点。即使你的目标没有完全实现，你为之付出的努力本身也会让你受益终生。

因此，把理想垫得越高，人生的成就会越大。

海拔1000多米的山在浙北已算是高山了。高山上有20多个孩子，他们在一所破旧的学校里读书，过着与世隔绝似的生活。

老师倒是山下来的，在大城市里读过书。第一次宿在学校，他失眠了一晚上，山上的风太大，山上的生活太苦。这里的境况要比他以前想象的更艰苦。

上第一堂课，老师看到几位浑身湿漉漉的孩子。他问："一大早是不是打水仗了？"

那几个孩子低着头不敢说话。

一个扎着辫子的女孩站起来指指窗外的一片远山说："他们从深山里来，是路上杂草上的露珠打湿的。"

老师把目光投向窗外，那里是一片黑黝黝的去处，一条似隐似现的羊肠小道穿行在群山之中。

老师问："你们需要走多长时间？"

一个孩子说："两个多小时。"

老师第一次知道一个孩子上一次学的代价，这个代价即便是成年人也是较难承受的。老师很感动，但老师也很绝望。因为孩子的见识和海拔成反比，他们对山下的那个世界几乎一无所知。

他问这二十多个孩子，最大的理想是什么？

最大的理想、也是最体面的理想是那个扎辫子的女孩说的，她说要当村里的会计。更多的孩子说他们长大了要学会在自家的毛竹上刻上父亲的名字，以防别人盗砍他们家的毛竹。

后来，老师有了一台二手的笔记本电脑，可以通过村里唯一的一条电话连接互联网。那次教学设在村长家里，围观的大人比学生还多。

他给孩子们讲外面的世界，讲肯德基和麦当劳，讲杭州和上海，讲通过一台电脑可以连接世界的精彩。

那个扎辫子的女孩的理想开始有了转变，她说将来要下山当会计。而一个住在深山中的孩子对他说，他想以后能当个乡长那样的官，能拿出一笔钱修一条通向山下的公路。

老师在山上待了一年便走了。他说自己只能改变孩子们这么多，他希望后来的老师不要把孩子的志向变小，希望那个女孩有一天说自己想到大公司当白领，那个深山中的孩子说想当省长。

他说这些孩子也许永远走不出大山，但是他必须垫高孩子们的理想高度。这样，他们在将来才会充分发挥自己的潜能。

思想永远走在行动的前面。一个人要有眼光才有进步，有志向才有突破。从心理学上讲，一个人如果安于现状，对现状并不觉得不满意，便不会去想如何改进现状，也就不会有一种前途光明的理想。

美国潜能成功学大师安东尼·罗宾说；“如果你是个业务员，赚 1 万美元容易，还是 10 万美元容易？告诉你，是 10 万美元！为什么呢？如果你的目标是赚 1 万美元，那么你的打算不过是能糊口便成了；如果这就是你的目标与你工作的原因，请问你工作时会兴奋有劲吗？你会热情洋溢吗？”

那些志向远大、敢于想象的人，所取得的成就必定是远远超出起点；一个理想高、目标大的人，即使努力后没有实现最终的理想和目标，但其实际达到的目标，都要比理想低、目标小的人最终达到的目标还要大。

德国诗人歌德曾说，“人生重要的事情就是确定一个伟大的目标，并决心实现它。”年轻的我们，正是敢想敢做的时候，如果这时候你还没有树立起远大的目标，等你的人生基本定型后再立志，碰到的压力与阻力会更大。因此，把你的志向和目标提升起来，它不应该退缩在一个不恰当的位置。接受志向的牵引吧！

总之，没有行动的远见只能是一种梦想，没有远见的行动只能是一种苦役，远见和行动才是世界的希望。

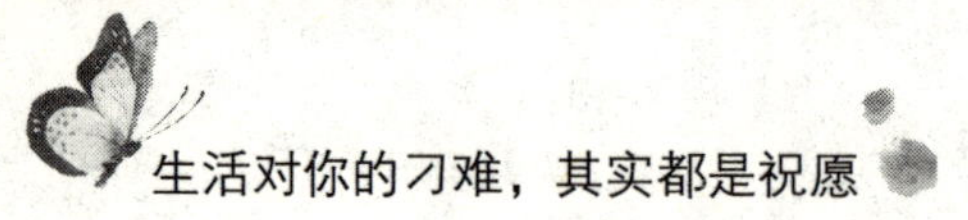

压力和责任，缺一不可

在哈佛，有这样一道奇特的风景：每个学期期末考试开始的前一天，在半夜12点整，参加裸奔的本科生将聚集在哈佛小院中尖叫着裸奔两圈，以此来迎接第二天的期末考试。美国名校学生当众裸奔有以下两个理由：

如果当众裸奔都不怕了，期末考试还用怕吗？

如果身体都不受束缚了，思想还会被束缚吗？

哈佛的“裸奔”其实在英文中并不是裸奔的意思，而是“原始的尖叫”（Primal Screaming），学生以这种尖叫来发泄自己的情绪，尽情放松整个学期下来那已绷得极度紧张的大脑神经。

在美国的名牌大学读书，压力很大，据调查显示，哈佛百分之七八十的学生都患有不同程度的抑郁症，他们千方百计地寻求摆脱压力、释放压力的方法，裸奔也许就是一种他们认为较有效果的方法。

曾听一位教授讲过这样一个故事：

一个蛹破了一个小口，可以看见里面的蝴蝶正费力地挣扎着，想要冲破茧飞向蓝天，但是，它现在好像已筋疲力尽。一位好心人见状，实在于心不忍，就用剪刀把茧剪开，让蝴蝶出来。但是出来后的蝴蝶并不像想象的那样能展翅高飞，而是一直哆嗦着它那肿胀的身体和畏缩的翅膀直到死去。原来，蝴蝶正是靠在破茧时把身体内的水分挤出才能使翅膀更为有力的，才得以飞翔。

可见，无论是哪一种生命，在出生时就已经开始面对压力了。痛苦的历练往往是人生中不可或缺的一部分。没有痛苦和奋斗，人生永远不可能完整，就像没有挣扎的蝴蝶，永远不可能飞翔。

人需要有压力常伴身边，在成长的过程中，我们每天都在往自己的肩上增加砝码，我们希望自己能够承担起越来越多的责任，我们希望获得认可和成功。

没有压力，就不懂得什么是责任；没有压力，人就容易变得轻浮。

有一位经验丰富的老船长，当他的货轮卸货后在浩瀚的大海上返航时，突然遭遇到了可怕的风暴。水手们惊慌失措，老船长果断地命令水手们立刻打开货舱，往里面灌水。“船长是不是疯了，往船舱里灌水只会增加船的压力，使船下沉，这不是自寻死路吗？”一个年轻的水手嘟囔。

看着船长严厉的脸色，水手们还是照做了。随着货舱里的水位越升越高，随着船一寸一寸地下沉，依旧猛烈的狂风巨浪对船的威胁却一点一点地减少，货轮渐渐平稳了。

船长望着松了一口气的水手们说：“百万吨的巨轮很少有被打翻的，被打翻的常常是根基轻的小船。船在负重的时候，是最安全的；空船时，则是最危险的。”

这就是人们常说的“压力效应”。对于那些整日得过且过，没有一点压力的人来说，他看起来似乎非常轻松，十分惬意，但终究是经受不起风吹雨打的幼苗，是风暴中没有载货的船，往往一场人生的狂风巨浪便会把他们打翻。

我们在看清压力的积极作用的同时，也不应过分夸大它的积极的一面，而要正确认识压力，处理压力。

有一位讲师在讲压力管理的课堂上拿起一杯水，然后问台下的听众：“各位认为这杯水有多重？”听众有的说 20 克，有的说 100 克，有的说 500 克……大家你一言我一语地发表自己的看法。

等到大家发表完看法后，讲师开始说话了：“其实，这杯水的重量并不重要，重要的是你能拿多久。拿一分钟，各位一定觉得没问题；拿一小时，可能觉得手酸；拿一天，可能就得叫救护车了。其实这杯水的重量是一样的，但是你拿得越久，就觉得越沉重。”

说完，讲师停了下来，想看看听众都有何反应。正当台下的听众感到有些纳闷时，他向大家提出了一个问题：“这与我们今天的压力管理主题有什么关系呢？”

台下的听众都陷入了沉思，突然有一位听众站了起来，回答道：“老师，我想这与压力管理有两个关系。一方面，就如同这杯水，刚才有的人说500克，也有的人说20克，面对相同的压力，不同的人的感受是不同的。这说明压力的大小不完全取决于压力本身，同时也取决于我们心里有多么看重它。”讲师一边听一边点头，台下的其他听众也觉得很有道理，都在期待着他要讲的“另一方面”。

这位听众喝了口水，在大家急切的期待中，接着讲他的“另一方面”。“另一方面，就是这杯水对我们身体造成的压力，就像我们承受压力一样，如果我们一直把压力放在身上，不管压力是大是小，我们都会觉得压力越来越沉重，以致最终无法承受。我们必须做的是，放下这杯水休息一下后再拿起这杯水，如此我们才能够拿得更久。”

在生活和工作中，很多貌似沉重的东西本身分量并不一定很重，而是因为我们把它看得太重。多数的烦恼是不值一提的。“生活不是苦难的修行”，面对生活的诸多压力，你要懂得管理压力，更要学会放下压力。生命是自己的，不要让过高的追求让自己喘不过气来。选择一个适合自己的目标，在赶路时看看风景，也许最美的风景不一定在顶峰。

目标和憧憬需要详细的规划

哈佛告诉学生，一个人行动之前要有目标，但仅仅有个目标还不够，在把理想铺铸成现实的道路上，我们还应该作好规划。规划不仅仅是一种前景目标、一张蓝图而已，它更是你行动的路线图。

在现实生活中，我们经常听到“只有想不到，没有做不到”“野心有多大，成就就有多高”等这样的言论。很多刚刚走出校门的年轻人片面地理解这些激励人心的话语，总以为自己激情高涨、拼搏忙碌，成就一番事业是自然而然的事情。殊不知，激情和拼搏只是一种动力，如果努力没有用在正确的地方，结果也只是白费功夫。

古语云：凡事预则立，不预则废。目标是可以看得见的靶子，每个人都能看到，大家都在朝它开枪，但并不是谁都能打得快和准。

目标是人生拼搏的战略，至于规划如何朝着既定的方向迈进就是战术问题了。比如，你的愿望是登上前面那座山，你就应该考虑好什么时间要到达什么地方，一块山石，一棵大树，就是你下一站的指引。

近年来，中国的航天技术发展飞速。火箭飞向月球需要一定的速度和质量。科学家们经过精密的计算得出结论：火箭的自重至少要达到 100 万吨。而如此笨重的庞然大物无论如何也是无法飞上天空的。因此，在很长一段时间里，科学界都一致认为：火箭根本不可能被送上月球。

直到有人提出“分级火箭”的思想，问题才豁然开朗起来。将火箭分成若干级，当第一级将其他级送出大气层时便自行脱落以减轻重量，这样火箭的其他部分就能轻松地逼近月球了。由此可见，最终目标的实现，也是靠一次次小目标的突破积累而成的。

每个人都应为自己设定一个适合的目标，然后想办法实现目标。然而你也要明白，只有学会把目标分解开来，化整为零，使其变成一个个容易实现的小目标，然后将其各个击破，这才是实现终极目标的有效方法。很多时候，我们在规划人生时感到困难不可逾越，成功无法企及，正是因为目标离自己太过遥远而产生畏惧感。

几十年前，在美国有一个十多岁的穷小子，他自小生长在贫民窟里，身体非常瘦弱，却立志长大后要做美国总统。如何实现这样的抱负呢？年纪轻轻的

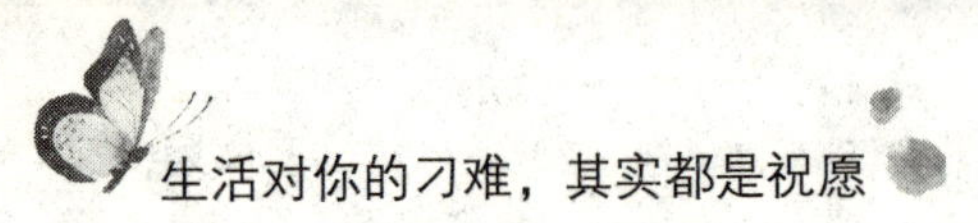

他，经过几天几夜的思索，拟定了这样一系列的连锁计划：

做美国总统首先要做美国州长——要竞选州长必须得到雄厚的财力支持——要获得财团的支持就一定得融入财团——要融入财团就需要娶一位豪门千金——要娶一位豪门千金必须成为名人——成为名人的快速方法就是做电影明星——做电影明星前得练好身体，练出阳刚之气。

按照这样的思路，他开始步步为营。一天，当他看到著名的体操运动主席库尔后，他相信练健美是强身健体的好办法，因而有了练健美的兴趣。他开始刻苦而持之以恒地练习健美，他渴望成为世界上最结实的男人。三年后，凭着发达的肌肉和健壮的体格，他开始成为健美先生。

在以后的几年中，他成了欧洲乃至世界健美先生。22岁时，他进入了美国好莱坞。在好莱坞，他花了十年时间，利用自己在体育方面的成就，一心塑造坚强不屈、百折不挠的硬汉形象。终于，他在演艺界声名鹊起。当他的电影事业如日中天时，女友的家庭在他们相恋九年后，终于接纳了他这位“黑脸庄稼人”。他的女友就是赫赫有名的肯尼迪总统的侄女。

婚姻生活过了十几个春秋，他与太太生育了四个孩子，建立了一个“五好”家庭。2003年，年逾57岁的他，告老退出了影坛，转而从政，并成功地竞选成为美国加州州长。

他就是阿诺德·施瓦辛格。他的经历告诉我们，目标要远大，经营自己的过程却要稳扎稳打，在一个台阶上站好了，然后再瞄准下一步。

志存远大，这是一直被我们推崇的。但是在现实中，仅有一个清晰的目标还远远不够。就如阿诺德·施瓦辛格一样，如何开动脑筋，尽快突破小目标，实现大目标，才是我们最应该重点费心思考的问题。

总结阿诺德·施瓦辛格的成功经历，我们可以总结出这样一句话：从大处着眼，从小处着手，化整为零地循序前进。

很多年轻人都妄想自己能一步登天，一朝成名，一下子便成为一个亿万富翁。有目标、有憧憬是好事，但善于规划才是硬道理。

许多人做事之所以会半途而废，并不是因为难度高，而是因为他们认为现实距离梦想太远，正是这种心理上的因素导致了失败。若把长距离分解成若干个短距离，逐一跨越它，就会轻松许多，而目标具体化可以让你清楚当前该做什么，怎样才能做得更好。

心中有了这一系列规划的人，表面看来和以往的他也没什么不同，但是因为眼光看得远了，再做起事来就有了责任心和主动性，会完全脱离那种得过且过的生活状态，他的才能也会得到最大程度的发挥。

当然，在我们前进的过程中，困难将依然存在。不管做什么事情，在开始时也许你经常会遇到失败，经常会失望，经常处于痛苦和沮丧之中。但这是一个自我改造的过程，在这个过程中，你的能力得到了充分的验证，你还会遇到很多新的事、新的人，让你整个人生和你所处的圈子发生变化。这是一个蜕变的过程，虽然艰辛，但是收获会使我们的付出变得更有意义。从现在开始，为自己确立一个目标，然后再一小块一小块地打出你的根据地来。

第6章 剔除心灵的毒瘤，做最真实的自己

树立正确的评价他人的标准

曾听一位教授说，哈佛的校长曾因对人的错误判断，付了很大的代价。

有一天，一对老夫妇来拜访哈佛大学的校长。女士穿着一套褪色的条纹棉布衣服，而她的丈夫则是穿着布制的便宜西装。

校长的秘书在片刻间就断定这两个乡下老土根本不可能与哈佛有业务来往。

先生轻声地说："我们要见校长。"

秘书很不礼貌地说："他整天都很忙。"

女士回答说："没关系，我们可以等。"

过了几个钟头，秘书一直不理他们，希望他们能知难而退，自己离开。

然而，他们却一直等在那里。

秘书终于决定通知校长："也许他们跟您讲几句话就会走开。"

校长于是不耐烦地同意了。

校长很有尊严而且心不甘情不愿地面对这对夫妇。

女士告诉他："我们有一个儿子曾经在哈佛读过一年，他很喜欢哈佛、他在哈佛的生活很快乐。但是去年，他出了意外而死亡，我丈夫和我想要在校园里为他立一个纪念物。"

校长并没有被感动，反而觉得可笑，粗声地说："夫人，我们不能为每一位曾读过哈佛而死亡的人建立雕像。如果这样做，我们的校园看起来会像墓园一样。”

女士很快地说：“不是，我们不是要竖立一座雕像，我们想要捐一栋大楼给哈佛。”

校长仔细地看了一下这对夫妇身上的条纹棉衣及粗布西装，然后吐一口气说：“你们知不知道建一栋大楼要花多少钱吗？我们学校的建筑物超过 750 万美元。”

这时，这位女士沉默不讲话了。校长很高兴，总算可以把他们打发了。

只见这位女士转向她丈夫说：“只要 750 万美元就可以建一座大楼？那我们为什么不建一座大学来纪念我们的儿子？”

她的丈夫点头同意。而哈佛的校长觉得很混淆和困惑。

就这样，史丹佛夫妇离开了哈佛，到了加州，成立了史丹佛大学来纪念他们的儿子。

一个正直的人，应该始终听从心的指引，应该树立正确的评价他人的标准，并坚持这个原则。在现实生活中，很多人恰恰与之相反，他们的心异常浮躁，面对着诸多新鲜的事物，他们渐渐找不到自己的位置，把握不住自己内心的标准。

释迦牟尼在一次法会上说了个故事：有个富商，讨了四个老婆。

第一个老婆伶俐可爱，整天作陪、寸步不离；第二个老婆是抢来的，是个大美人；第三个老婆，沉溺于生活琐事，让他过着安定的生活；第四个老婆工作勤奋，东奔西走，使丈夫根本忘记了她的存在。

平日，商人一直很疼爱、重视前三个老婆，却常常忽略了照顾第四个老婆。

有一次，商人要出远门，为免除长途旅行时的寂寞，商人把自己的想法告诉了四个老婆，希望能有人愿意陪同他一起前往。第一个老婆说：“你自己去吧！我才不陪你哩！”第二个老婆说：“我是被你抢来的，本来就不甘心情愿地当你的老婆，我才不去呢！”第三个老婆说：“尽管我是你的老婆，可我不愿受风餐露宿之苦，我最多送你到城郊！”第四个老婆说：“既然我是你的老婆，无论你到哪里，我都跟着你一起。”

于是，商人只有带着被自己常常忽视的第四个老婆，开始了他远行的旅程。

最后，释迦牟尼说：各位，这个商人是谁呢？就是你们自己。

第一个老婆是指“肉体”，死后还是要与自己分开的；第二个老婆是指“财产”，它生不带来、死不带去；第三个老婆是指“自己的妻子”，活着时两个相依为命，死后还是要分道扬镳；第四个老婆是指“自心”，人们时常忘记它的存在，但它会永远陪伴着自己。

有些人天生短视，他们只能看到眼前的利益得失，只懂得表面的光彩和感受，在很多时候，一个人在成功路上的最大障碍恰恰就是自己。因而，你应该努力学会清除前进路上的荆棘。以貌取人、自私自利、贪图安逸、傲慢无礼等都是阻止自己前进脚步的障碍；怯懦、怀疑和恐惧则是自己最大的敌人。所以，你要时时警惕自己身上的弱点。只要你拥有了征服自己的勇气，就会征服一切困难。

人生最强大的敌人就是自己，最大的挑战就是挑战自我。能够战胜自我的人，他的人生将异彩纷呈。

人贵自知，切莫妄自尊大

美国著名文学家爱默生曾就读于哈佛大学，在那里，有这样一则故事给他留下了深刻的印象。

有一天，一只秃鹰从王宫上空飞过，看到一只黄莺备受国王的宠爱，每天好吃好喝，且地位尊贵，于是它就问黄莺：“为什么国王单单如此宠爱你呢？”

黄鹂回答道：“我自幼就有一副好嗓子，到了王宫后，唱歌越发动听，国王非常喜欢听我唱歌，于是十分喜欢我，也经常拿珠宝来打扮我。”

秃鹰看到穿金戴银的黄莺，心中艳羡不已，它想：“我资质又不比黄莺差，学学它，这样说不定国王也会喜欢上我的。”于是它就飞到国王睡觉的地方，开始叫起来，以求吸引国王的注意。不巧的是，国王正在酣睡，听了秃鹰的叫声，噩梦连连，于是叫下属看看是什么东西在叫。属下去了，回来报告说是一只秃鹰不知道为什么在叫。国王愤怒不已，吩咐手下去把秃鹰抓了下来，并命令拔光它的羽毛。

秃鹰回身疼痛，满身伤痕地回到了鸟群中。

古人云，识时务者为俊杰。我们每个人都有自己的特点，都有自己独特的智能。如果盲目去模仿别人，只会伤害自己。秃鹰如果在国王高兴的时候唱歌，它的结局肯定不是这样。梅花喜爱漫天雪，如果牡丹非要开在雪地，那结局将不亚于秃鹰。

在每个人的心底都存有强烈的热望，人心又是无止境的，然而，在人的一生中，每人是否都能够实现自己的理想和愿望呢？恐怕真正得偿所愿者寥寥无几。之所以会是这个结果，其根本原因就是人们不了解自己，不认识自己，没有自知之明。

处于社会中的我们，总会被别人的看法、眼光、意见等影响，还会受自己内心的欲望、意念所支配。很多时候，我们都很难客观地评价自己的实力，真正地认清自己，给自己选一条最适合自己的路。

从前有一只蚂蚁，它的力气很大，开天辟地以来，像这种蚂蚁大力士还不曾有过，它能够毫不费力地背上两颗麦粒。若论勇敢，它的勇气也是空前未有的：它能像老虎钳似的一口咬住蛆虫，而且常常单枪匹马地和一只蜘蛛作战。它不久就在蚁冢之内声名大盛，蚂蚁们的谈论几乎都离不了它这位大力士。

弄到后来，它的头脑里塞满了颂扬的话，它一心想到城市里去一显身手，到城市里去博得大力士的名声。有一天，它爬上最大的干草车，坐在赶车人的身旁，像个大王似的进城去了。

然而，满腔热望的蚂蚁大力士碰了一鼻子的灰！它以为人们会从四面八方赶来，可是不然！它发觉大家根本不理会它：城里人个个忙着自己的事情。蚂蚁大力士找到一片树叶，在地上把树叶拖呀拖的，它机灵地翻筋斗，敏捷地跳跃，可是没有人瞧，也没有人注意。所以，当它尽其所能地耍过了武艺，便怨天尤人地说道：

“如果我觉得城里人都是糊涂和盲目的，难道是我不可理喻吗？我表现了种种武艺，怎么没有人给以应有的重视呢？如果你上我们这儿来，我想你就会知道，我在全蚁冢是赫赫有名的。”

那天回家时，蚂蚁大力士就变得聪明些了。

人贵有自知之明，很多人长期生活在自己的小圈子里，做着舒舒服服的井底之蛙，不晓得人外有人，天外有天的道理，更不会正确地对待自己、分析自己，把自己摆正放平。不要因为自己高于他人便目空一切，要知道“高处不胜寒”，你随时都有被打入“冷宫”的危险。不要因为自己低于他人而闷闷不乐，在充分认识自己的前提下，你终将改变你目前的状况。闭起你的眼睛，让你的心完全平静下来，仔细地回想一下你所经历过的一切，给自己一个公正的评价，然后摆正自己的位置。

当一个人心态渐渐失衡的时候，他就会减缓进步的速度。你可以对自身的实力满怀自信，对自己的成绩深感自豪，但当这些积极的因子一旦与骄狂、偏见及狭隘同行，一旦它与同情、谦逊及友谊分手，就成了一种消极的品质。这种虚幻的自豪和自信是偏狭、傲慢和无知，最终会演变为自大。

妄自尊大意味着人只是在运用扭曲了的想象，狂妄地夸大自己，时时轻视别人，这种充满谬误的想象伤害他人，同时也在无形之中伤害了自己。

歌德说，一个目光敏锐、见识深刻的人，倘又能承认自己有局限性，那他离完人就不远了。孔子说：“知人者智，自知者明。”所有的一切，都从认识自己开始。你是否认识你自己，这是你人生的关键。首先，你不要错误地认为自己的价值与你的聪明才智、你的博学多能或者你的财富、你的力量有关。事实上，无论你有多聪明，也无论你多能耐，如果你没有自知之明，那么你的最终结果只有一个，那就是失败。

认识你自己，不必为实现你所想象的却不切实际的所谓自身价值而去做任何多余的努力，你要明白，当你降生到这个世界的时候，你就已经拥有了自己的价值，你接下来所要做的事，就是将你自身的价值发扬光大，因而你必须了解、认识到自己的价值。

打开心扉，别自我设限

哲人曾说，每个人都可以成为展翅翱翔的雄鹰，重要的是，你不要在心里给自己设限，在心里给自己制造失败。

有一年，在一次农产品的展览会场上，有一个农夫展示了一个形状如同水瓶的南瓜，参观的人们见了无不啧啧称奇，追问农夫是用什么方法把这个南瓜培育成功的。农夫回答道：“当南瓜只有拇指一般大的时候，我就把它装入水瓶里，一旦它渐渐长大，把瓶子内的空间都占满时，南瓜便会停止成长，这时，它就能够一直维持着在水瓶里面的那种形状了。”

就如同南瓜会受限在瓶子里不能自由生长一样，如果我们习惯了自我设限，那么我们的心就会失去向上生长的动力，只能在目前的高度上徘徊。

曾听一位教授讲过这样一个故事：

那是大学毕业生增多的一年，江涛作为众多学子之中的一员，被分配到一个偏远的水电站工作。

在这里，有内部食堂、有小卖部、有幼儿园……俨然生活在一个“与世隔绝”的小社会的人们，大都热衷于打麻将和讲一些飞短流长的事儿，这让江涛觉得有些难以接受。与此同时，江涛喜欢看书、喜欢听古典音乐、喜欢看欧洲影片，而且每次进城都会买一些新书和碟片回来，这同样也让别的同事们感到不可理喻。

在有意与无意之间，江涛和大伙儿走得越来越远了。

绝望得快要发疯的江涛，无可奈何之下给远在大学教书的老师写了一封信，详细地讲述了自己的苦恼：在我生活的这个空间里，我与别人从内到外都不一样，周围的环境和事物的运行规律与我理解的也完全不同，我感到很无力，也不知该怎么办，我是否也要和他们一样……

很快地，老师回信了，信中将了一个故事：

从前，有一只鹰蛋不小心落到了鸡窝里，被当成鸡孵了出来。从出生那天起，它就与鸡窝里的兄弟姐妹们不一样。它没有五彩斑斓的羽毛，不会用泥灰为自己洗澡，不会三啄两嘴就从土里刨出一只小虫来。矮小的鸡窝总是碰它的头，而鸡们总是笑它笨。它对自己失望极了，于是跑到一处悬崖，想跳下去，结束自己的生命。但它纵身跃下的时候，本能地展开翅膀，飞上云天，它这才发现，自己原本是一只鹰，鸡窝和虫子不属于它。它为自己曾因不是一只鸡而痛苦的往事感到羞愧……

你不要因为自己是一只鹰而感到羞愧！

看了这封信，江涛的心中豁然开朗起来。从此之后，江涛不再因为大伙儿的不认同而痛苦绝望甚至是扭曲自己，而是埋头读自己的读书、做自己的事儿，并在两年后顺利考上了研究生。如今，江涛已经成为一家外企的经理了，而老师在信末尾的那句话，也成为他一生的座右铭。

不管处于什么样的困境中，都不要随便否定自己，如果你在心里给自己设限，你每天都在扼杀自己的潜力和欲望！

很多人在面对看似困难的境遇或事情时，都会在心底听到这样的声音：我一定做不到的。我们的人生若是始终都保持这种逃避的心态，那么终将会为自己留下许多无法弥补的缺憾。正如丹麦哲学家齐克果曾经说：“一旦一个人自我设限，并且一直认定自己就是个什么样的人时，他就是在否定自己，甚至他不会自我挑战，只想任由自己一直如此下去，而这终将导致自我毁灭。”

很多年前，在美国纽约的街头，有一位卖气球的小贩。每当他生意不好的时候，他就使用一个办法：向天空中放飞几只气球。这样，就会引来很多玩耍的小朋友的围观，他的生意就会好起来，有的小朋友还兴高采烈地买他那色彩艳丽的氢气球。

有一天，当他在街上重复这个动作时，他发现，在一大群围观的白人小孩子中间，有一位黑人小孩，用疑惑的眼光望着天空。他在望什么呢？小贩顺着黑人小孩的目光望去，他发现，天空中一只黑色的气球也在。黑色，在黑人小孩的心中，代表着肮脏、怯弱、卑劣和下贱。

精明的小贩很快就看出了这个黑小孩心思，他走前去，用手轻轻地触摸着黑人小孩的头，微笑着说：“小伙子，黑色气球能不能飞上天，在于它心中有没有想飞的那一口气，如果这口气够足，那它一定能飞上天空！”

我们常常认为人生有很多事情不是很多人自己的能力所能办到的，所以，我们往往连设立的目标都还来不及深思，便已经完全放弃了实现它们的念头，甚至还将那些事情当成是遥不可及的天真梦想。

事实上，只要你不进行自我设限，挣脱困住自己的心理牢笼，冲出自我设限的牢笼，给予自己鼓励和信心，就能够成为翱翔人生天空的雄鹰，也能不断地让人生有更美好的发展！给予自己力求改变的自信和勇气，相信你一定能够有所收获！

始终记住，你是独一无二的

人活于世，每个人都有自己的价值，都是独一无二的自己，切不可因为在某方面逊色于别人就失去自我。

有一天，国王心血来潮，到花园里散步。当他看到花园里面的景象时，不禁吃了一惊！过去绿意盎然、花团簇锦的花园，竟然变得无比荒凉。于是，国王疑惑地询问园丁，究竟是发生了什么事，怎么花园会变成这样。

园丁说："我尊敬的国王啊！这是因为橡树认为它比不过松树的高大，所以死了；松树比不过葡萄能结果子，所以也死了；而葡萄不能像橡树一样直立，因此也死了。至于其他的植物花卉，也都是因为各有比较而死去了。所以，花园因此而渐渐荒凉起来了。"

忽然间，国王发现花园里的草地仍然生机蓬勃，不免又好奇地问园丁："为何其他的植物都枯死了，只有这一片草地仍然绿意盎然呢？"

园丁微笑着说道："这是因为小草们并不想成为松树、橡树、葡萄或者其他植物，它们知道自己的价值是什么，所以也只想做它们自己而已。因为这样的想法，所以，它们自然就生机蓬勃，绿意盎然！"

每个人都想做高大的树木，都想攀升到高处，感受一览众山小的感觉。但生活的现实总是让你处于一个劣势地位，跟别人相比，自己的日子会过得捉襟见肘。于是就有许多人觉得自己一无是处、毫无建树，一生都会如此庸庸碌碌。

殊不知，每一个人都具有世界上独一无二的价值，没有任何人、事、物能够取代我们，也没有任何人、事、物能够贬低我们，除非我们自己看轻自己、自己贬损自己。

人活着就应该善待自己，在低潮时要给予自己鼓励。在人生的旅程中，我们无法避免诸多的挫折，但是不管那些无情的打击如何使我们痛苦、受伤、难堪，我们都不应该忘记自身的价值，更不应该认为自己一无是处而妄自菲薄。

有一个出家弟子跑去请教一位很有智慧的师父，他跟在师父的身边，天天问同样的问题："师父啊，什么是人生真正的价值？"问得师父烦透了。

有一天，师父从房间拿出一块石头，对他说："你把这块石头，拿到市场去卖，但不要真的卖掉，只要有人出价就好了，看看市场的人出多少钱买这块石头。"

弟子就带着石头到市场，有的人说这块石头很大，很好看，就出价两块钱；有人说这块石头，可以做秤砣，出价十块钱。结果大家七嘴八舌，最高也只出到十块钱。弟子很开心地回去，告诉师父："这块没用的石头，还可以卖到十块钱，真该把它卖了。"

师父说："先不要卖，再把它拿去黄金市场卖卖看，也不要真的卖掉。"

弟子就把这石头，拿去黄金市场卖，一开始就有人出价一千块，第二个人出一万块，最后直至被人出到十万元。

弟子兴冲冲跑回去，向师父报告这不可思议的结果。

师父对他说："把石头拿去最贵、最高级的珠宝商场去估价。"

弟子就去了。第一个人开价就是十万，但他不卖，于是二十万、三十万……一直到后来对方生气了，要他自己出价。他对买家说，师父不许他卖，就把石头带了回去，对师父说："这块石头居然被出价到数十万。"

师父说："是呀！我现在不能教你人生的价值，因为你一直在用市场的眼光在看待你的人生。人生的价值，应该是一个人心中，先有了最好的珠宝商的眼光，才可以看到真正的人生价值。"

每个人都有属于自己的独特的价值，善待自己的人，懂得自身价值的大小绝不在于别人的评价，而是在于我们给自己的定价。

我们每一个人的价值，都是绝对的。坚持自己崇高的价值，接纳自己，磨砺自己。给自己成长的空间，每个人都能成为"无价之宝"。

黏土在天才的手中变成了堡垒，柏树在天才的手中变成了殿堂，羊毛在天才的手中变成了袈裟。既然黏土、柏树、羊毛经过人的创造都可以成百上千倍地提高自身的价值，那么你为什么不能使自己身价百倍呢？

哲人说，我们的命运如同一颗麦粒，有着三种不同的道路。一颗麦粒可能被装进麻袋，堆在货架上，等着喂给家畜；也可能被磨成面粉，做成面包；还可能撒在土壤里，让它生长，直到金黄色的麦穗上结出成千上百颗麦粒。人和一颗麦粒唯一的不同在于：麦粒无法选择是变得腐烂还是做成面包，或是种植生长。而我们有选择的自由，有行动的自由，更有心的自由。我们不该让生命腐烂，也不该让它在失败、绝望的岩石下磨碎，任人摆布。

善待自己的人知道，每个人都是一座宝藏，重视自己的价值，并不断开发和提升它，平庸的人生就不会属于自己。

尊重和理解他人是平等的基础

在哈佛有一座小有名气的建筑——爱默生大楼，哈佛的哲学系就设在这里。这幢以美国著名哲学家和文学家爱默生命名的大楼的北大门上，铭刻着一句让许多哈佛人和参观者费思量的话：什么样的人让你难忘？

每个学生从这里走过，看到这句话，都会思索一番，而每次得出的答案也不尽相同。鲁登斯坦校长给出的答案是：理解人、同情人、尊重人的人。他借此强调哈佛重视人文科学的原因：“哈佛为什么要教授六十多种语言和许多异国文化和文明的成就呢？就因为假如大学不能这样做，我们就会渐渐忘记了人类文化的多样性和丰富性，我们就会失去一个巨大的人文科学宝库，而那个宝库是我们要理解人究竟是什么所必需的。”

哈佛不仅重视对学生知识水平的培养，同时也注意呵护学生心灵，提升他们的品德。一个饱学之士，如果他的心灵是邪恶的，品德是低劣的，这将是教育的最大失败，对社会而言也是巨大的危害。

人本无三六九等，人人平等的观念在美国社会根深蒂固。尊重人、理解人，这是平等的基础，也是哈佛素质教育的一个表现。

曾在哈佛校园里听到这样一个故事：

美国空军的著名战斗机试飞员鲍伯·胡佛经验丰富，技术高超。在他的试飞生涯中，他顺利地试飞了许多机型。

有一次，他接受命令参加飞行表演，完成任务后他飞回洛杉矶，在途中，飞机突然发生故障，问题十分严重，飞机的两个引擎同时失灵。他临危不惧，果断、沉着地采取了措施，奇迹般地把飞机迫降在机场上。飞机降落后，他和安全人员检查飞机情况，发现造成事故的原因是用油不对，他驾驶的是螺旋桨飞机，用的却是喷气式飞机的油。

负责加油的机械师吓得面如土色，见了胡佛便痛哭不已。因为他一时的疏忽可能会造成飞机失事和 3 个人的死亡。胡佛并没有对他大发雷霆，而是上前轻轻抱住那位内疚的机械师，真诚地对他说："为了证明你能干得好，我想请你明天帮我做飞机的维修工作。"这位机械师后来一直跟着胡佛，负责他的飞机维修。以后，胡佛的飞机维修从来没有发生任何差错。

这就是胡佛为人的高明之处。对于大错误，其实不需我们指责，犯错者早已自责内疚了。如果此时尊重对方，理解他的心理，那么对于对方来说，便是一种博爱和激励，他岂能不知恩图报？

理解是一剂良药，它能医治好人们心灵的创伤。一切的一切都开始于相互理解和尊重，人是有感情的动物，需要信任、理解，需要感受到被别人尊重，以此来肯定自己的价值。

许多年前，一个挪威年轻人想要报考在音乐界享有盛名的巴黎音乐学院，于是他漂洋过海，来到了法国。尽管他已经尽了全力，将自己的水平发挥到最佳状态，但主考官还是没看中他。

在法国待了几天，年轻人已经身无分文了，他只好在离音乐学院不远的街上拉琴赚点小钱。他的琴声美妙动听，吸引了很多人驻足聆听。几曲结束后，年轻人拿起琴盒，人们纷纷掏钱放入琴盒。这时，一个无赖把钱扔在了年轻人脚下，年轻人看了看他，弯下腰把地上的钱拾起来递给他说："先生，您的钱掉在地上了。"这无赖接过钱，重新扔在年轻人脚下，并傲慢地说："这钱是给你的，拿去吧。"年轻人看了看无赖，深深地对他鞠了个躬，有礼貌地说道："先生，谢谢您的慷慨。刚才您的钱掉在地上了，我帮您捡了起来，现在我的钱掉在地上了，请您帮我捡起来吧。"

无赖听到年轻人这么说，真是出乎意料，最后，他没什么别的办法，只好把地上的钱捡起来放在了年轻人的琴盒里面，然后灰溜溜地走了。

围观的人都看到了这一幕，其中有一位正是年轻人的主考官，他将年轻人带回音乐学院，并录取了他。

年轻人叫作比尔·撒丁，几年后，他成了挪威小有名气的音乐家。

每个人都有获得别人尊重的权利，都有强烈的自尊心。自尊心对于每一个人来说都是潜藏在内心深处的一股推动自己的强大的力量。尊重他人是一种美德，是一种高尚的情操。只有尊重他人，才能获得他人对你的尊重。尊重他人也就是尊重你自己。

俗话说：如要人像我，除非两个我。在这个世界上，不可能有两个人是完全一样的，没有两个人的人生经验会完全一样，所以也没有两个人的信念、价值观和观念系统会是一样的。因此，没有两个人对同一件事的看法能够绝对一致，亦没有两个人对同一件事的反应会一样，更没有两个人的态度和行为模式会完全一样。这就需要人与人之间互相理解和尊重。

被别人尊重和理解是一个人生存于世界上的一个动力，一种原则。它会驱

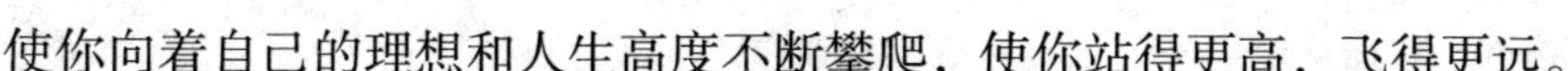

使你向着自己的理想和人生高度不断攀爬，使你站得更高，飞得更远。

多给予别人一分尊重和理解，并能够由此走进别人心底，换取爱、友谊的人，是最令人难以忘却的人。

真正的平等，是相互尊重

在哈佛的众多校长中，劳伦斯·萨默斯是任职期间最短的一位。不是因为他的能力不够，资历不强；他是在教职员的第二次不信任投票的压力下，不体面地“被迫辞职”。

翻开历史的画卷，萨默斯在美国也是社会名声显赫的人物。他 28 岁时获哈佛大学哲学博士学位；1982 ~ 1983 年受雇于时任总统里根的经济顾问委员会；1983 ~ 1993 年受聘为哈佛大学经济学教授，并且成为哈佛大学现代历史上最年轻的终身教授； 1991 ~ 1993 年在世界银行贷款委员会担任首席经济学家；1999 ~ 2001 年担任克林顿政府任第 71 任财政部长。2001 年，仅 47 岁的萨默斯接任哈佛校长，由于他一向喜欢“信口开河”，曾不经意说了一句“女性先天不如男人”的观点，这种被斥为“性别歧视”的论调，直接导致哈佛大学引爆了一场“反萨默斯风潮”，导致他与同事的关系紧张，严重影响了哈佛的团队精神。于是，哈佛的教职员纷纷向萨默斯投下不信任票，在教职员舆论的压力下，萨默斯只好主动辞职。

萨默斯是一个赫赫有名的人物，曾在世界银行的贷款委员会担任首席经济学家、在克林顿政府担任财政部长等重要职务，但是在哈佛，他不能享有一丝的特权，作为哈佛的校长，他有管理学校的权力，但同时也承担着相应的责任，必须接受教职员的监督，教职员有权利向校长投不信任票，可以把校长赶下台。

“反对特权、崇尚平等”是哈佛民主治校的人文精神。在平等中获得尊重，更是每一位哈佛人毕生都在追求的。萨默斯一句不尊重女性的话，导致了他的威望直线下跌，最终导致他过早离职。

尊敬他人，平等待人，不仅能使人获得好名声，为周围的人所敬重，更能使自己拥有一个谦虚平稳的心态。伟人说：虚心使人进步，骄傲使人落后。骄傲就是自以为是，目中无人，傲慢无理，这种人迟早要摔跟头的。而谦虚的人，多拿别人的长处对照自己的短处，乐意向地位低下、年纪小的人学习请教，始终怀着平等自然之心，这种人必有所成。

平等待人要求我们贵不自傲，贱不自卑；得意不张狂，失意不卑微；童叟无欺，上下无别。这才是人的真性情，真品格。平等待人，从尊重他人开始。

寒冬的一天，店里进来一位衣衫褴褛、面黄肌瘦的男子，他也许只是为了取暖或是看看。在他饥寒交迫之际，眼见着仍有那么多富人奢侈豪华，他内心该是怎样愤愤不平啊！店员姑娘很想过去安慰他，但因为有客户需要招待，渐渐把他忽略了。在她收货时，一不留神，一个装有6枚精美绝伦的戒指的盒子落在地上，戒指纷纷滚落。她手忙脚乱地去找，到处找遍却只找回5枚。正当她十分焦急时，一眼看到那位男子正往外走，她猛地想到什么。

“先生……”

“干什么？”他面无表情地转过身来，手抓紧门柄。

她一时不知说什么好，但明白此一刻命运攸关。她突然想起了妈妈告诉过她的，许多人都是善良正直的……她知道该怎么说了：

“先生，如今找一个工作很难，是不是？”男子盯着她看了几秒，脸上渐露出笑容：“是的，姑娘，不过我相信你会干得很好的，我可以祝福你吗？”他伸出手来与她握了握，开门大步跨入外面的寒冷世界。

姑娘久久望着他被风雨吞噬的背影，慢慢转过身来，将手中的第6枚戒指放回盘内。

人心灵的天平，是相互尊重。如一位心理学家所说："假如你尊重一个人，一般人是容易诱导的。尤其是当你显示你尊重他是因为他有某种能力时。"给他人一个好的名声来作为努力的方向，他们就会痛改前非、努力向上，而不愿看到你的希望破灭。

孟子曾说过："爱人者，人恒爱之；敬人者，人恒敬之。"尊重别人是一种美德。尊重别人就是对他人的理解和善待。一个人在与别人交往中如果能很好地理解别人、尊重别人，那么他一定会得到别人百倍的理解和尊重。

每个人都要摒弃欲望的牵绊

哈佛告诉学生，求知上进、有所追求是一件好事，但如果让欲望占据了内心，便给人生的悲剧拉开了序幕。

对某些人来说，生命是一团欲望，欲望不能满足便痛苦，满足便无聊，人生就在痛苦和无聊之间摇摆。这样的人生无疑是可悲的。

在现代社会，放眼所及，在我们的周围，充满着新奇、精彩的各种各样的人、事、物，甚至连人们的衣、食、住、行、育、乐等各个方面，也随时都有着丰富多彩的选择。然而，当我们习惯了过着奢侈、繁华的生活时，有一些人反而会因此迷失自己，或者是失去正确的价值观的判断，甚至有时候往往为了满足物质的欲望，使得自己的生活疲于奔命，或者心生为非作歹的念头，从而造成了在社会当中的不安气氛。

尼采说，人最终喜爱的是自己的欲望，不是自己想要的东西！能够控制欲望而不被欲望征服的人，无疑是个智者。被欲望控制的人，在失去理智的同时，往往会葬送自己。

一天傍晚，两个非常要好的朋友在林中散步。这时，有位僧人从林中惊慌失措地跑了出来，两人见状，便拉住那个僧人问道：“你为什么如此惊慌，到底发生了什么事情？”

僧人忐忑不安地说：“我正在移植一棵小树，却忽然发现了一坛子黄金。”

两个人感到好笑，说：“这僧人真蠢，挖出了黄金还被吓得魂不附体，真是太好笑了。”然后，他们问道：“你是在哪里发现的，告诉我们吧，我们不害怕。”

僧人说：“还是不要去了，这东西会吃人的。”

两个人异口同声地说：“我们不怕，你就告诉我们黄金在哪里吧。”

僧人告诉了他们具体的地点，两个人跑进树林，果然在那个地方找到了黄金。好大的一坛子黄金！

其中一个人说：“我们要是现在把黄金运回去，不太安全，还是等天黑再往回运吧。这样吧，现在我留在这里看着，你先回去拿点饭菜来，我们在这里吃完饭，等半夜时再把黄金运回去。”

于是，另一个人就回去取饭菜去了。

留下的人心想：“要是这些黄金都归我，那该多好呀！等他回来，我就一棒子把他打死，那么，这些黄金不就都归我了？”

回去的那个人也在想：“我回去先吃饭，然后在他的饭里下些毒药。他一死，黄金不就都归我了吗？”

回去的人提着饭菜刚到树林里，就被另一个人从背后用木棒狠狠地打了一下，当场毙命了。然后，那个人拿起饭菜，狼吞虎咽地吃了起来。没过多久，他的肚子里就像火烧一样地疼，这才知道自己中毒了。临死前，他想起了僧人的话：“僧人的话真是应验了，我当初怎么就没有明白呢？”

很多人都明白，贪欲会把人带向罪恶的深渊，让人失去理智。它可以使人相互摧残，甚至使最好的朋友反目成仇。贪字头上一把刀，一旦人的内心被贪

欲所吞噬，那他必将被其毒害……

人生如同一条河流，有其源头，有其流程，当然也有其终点，而不管流程有多长，有多短，终究都会到达终点，流入海洋。即然如此，在我们活着的时候，还有什么欲望是非要满足不可的呢？

曾听一位教授在课堂上讲过这样一个故事：

利达法师来到一座寺院做新住持。初来乍到，他绕着寺院四周巡视，发现寺院周围的山坡上到处长着灌木。那些灌木呈原生态生长，树形恣肆而张扬，看上去随心所欲，杂乱无章。

利达找来一把园林修剪用的剪子，不时去修剪一棵灌木。半年过去了，那棵灌木被修剪成一个半球形状。

僧侣们不知住持意欲何为。问利达，他却笑而不答。

这天，寺院来了一个不速之客。来人衣衫光鲜，气宇不凡。法师接待了他，寒暄，让座，奉茶。对方说自己路过此地，汽车抛锚了，司机现在修车，他进寺院来看看。

法师陪来客四处转悠。行走间，客人向法师请教了一个问题："人怎样才能清除掉自己的欲望？"

利达法师微微一笑，折身进内室拿来那把剪子，对客人说："施主，请随我来！"

他把来客带到寺院外的山坡上。客人看到了满山的灌木，也看到了法师修剪成型的那棵。

法师把剪子交给客人，说道："您只要能经常像我这样反复修剪一棵树，您的欲望就会消除。"

客人疑惑地接过剪子，走向一丛灌木，咔嚓咔嚓地剪了起来。

一壶茶的工夫过去了，法师问他感觉如何。客人笑笑："感觉身体倒是舒展轻松了许多，可是日常堵塞心头的那些欲望好像并没有放下。"

法师颔首说道："刚开始是这样的。经常修剪，就好了。"

来客走的时候，跟法师约定他十天后再来。

法师不知道，来客是享有盛名的娱乐大亨，近来他遇到了以前从未经历过的生意上的难题。

十天后，大亨来了。当他已经将那棵灌木修剪成了一只初具规模的鸟时，法师问他，现在是否懂得如何消除欲望。大亨面带愧色地回答说，可能是我太愚钝，眼下每次修剪的时候，能够气定神闲，心无挂碍。可是，从您这里离开，回到我的生活圈子之后，我的所有欲望依然像往常那样冒出来。

法师对大亨说："施主，你知道为什么当初我建议你来修剪树木吗？我只是希望你每次修剪前，都能发现，原来剪去的部分，又会重新长出来。这就像我们的欲望，你别指望完全消除。我们能做的，就是尽力把它修剪得更美观。放任欲望，它就会像这满坡疯长的灌木，丑恶不堪。但是，经常修剪，就能使其成为一道悦目的风景。对于名利，只要取之有道，用之有道，利己惠人，它就不应该被看作是心灵的枷锁。"

大亨听后恍然大悟。

哲人说，欲望是人的痛苦根源，因为欲望永远不能被满足。一个人离理想越远，自然就会离欲望越近。在现实生活中，我们常常迷失在理想与欲望之中，将欲望当作理想，这是因为它们有时实在太近，近到只有一线之隔，或者说，欲望是感性的，而理想是理性的。

当生活越简单时，生命反而越丰富，尤其是少了物质欲望的牵绊，我们越是能够从世俗名利的深渊中脱身，感受到自己内心深处的宽广和明净。因此，每一个人都应懂得修剪自己的欲望。

第7章

刻苦向前，埋头最终才能出头

埋头做事，才有可能出头

生活中，任何一个有所成就的人在走入社会时都懂得唯有埋头、才能出头的道理。即使自己拥有著名学府的背景，也要抛开身份的顾虑，踏踏实实地做事。

人是社会的动物，同处于一个社会中，不管你是否承认，凡有人的地方就会讲等级、分层次。

社会上有不少人有这种思想障碍：千金小姐不愿意与保姆同桌吃饭，博士不愿意当基层业务员，高级主管不愿意主动去找下级职员，知识分子不愿意去做体力工作……他们给自己画地为牢、故步自封，白白损失了无数的大好机会。

其实这种“身段”只会让人的路越走越窄。这并不是说有“身段”的人就不能有得意的人生，但在非常时刻，如果还放不下身份，就会使自己无路可走。

20世纪70年代初，美国麦当劳总公司看好台湾市场，准备正式进军台湾岛。他们需要在当地先培训一批高级干部，于是公开招考甄选。因为要求的标准颇高，很多有志的青年企业家都未通过。

终于，经过一再挑选，一位叫韩定国的公司经理脱颖而出。轮到最后一轮面试，麦当劳总裁与韩定国夫妇谈了三次，而且问了他一个出人意料的问题：“如果我们要你去洗厕所，你会愿意吗？”

当时，韩定国在企业界已经小有名气，要他洗厕所，岂不太侮辱人了吗？他还在深思时，一旁的韩太太幽默地回答：“我们家的厕所一向都是他洗的！”

麦当劳总裁一听非常高兴，当场拍板录取了韩定国。麦当劳总裁认为，一个成功的企业家不仅要能干大事，小事也应干得很利索。

韩定国后来才知道，麦当劳训练员工的第一课就是从洗厕所开始的，因为服务业的基本理念是“非以役人，乃役于人”，只有先从卑微的工作开始做起，才有可能了解“以客为尊”的道理。

洗厕所的工作只是麦当劳正常的员工培训内容之一，不分种族肤色，在世界范围内通行。中国的大男人韩定国一开始难以接受，他把它严重化了，甚至上升到“折辱”的境地。这大可不必，做些清洁善后工作也是工作人员应尽的责任，一个人的层次，并不是由做不做这些小事来界定的。

许多人在步入社会的初期都拥有远大的抱负，一心只想一鸣惊人，而不去做埋头耕耘的工作。等到忽然有一天，他们看见比他们起步晚的，比他们天资差的，都已经有了可观的收获，他们才惊觉到自己这片园地上还是一无所有。他们这才明白，不是上天没有给他们理想或志愿，而是他们一心只等待丰收，忘了播种。

一个人要想有所作为，首先要从清理思想、改变观念开始。如果本是穷人、新人还要“穷摆谱”，那么机会是不会主动光顾他的。能放下身段的人，他的思考富有高度的弹性，不会有刻板的观念，而且能吸收各种信息，形成一个庞大而多样的信息库，这将是他的本钱。

纵观中国这几十年的变化，可以看到，在改革开放后，中国的角角落落都活跃着一群群浪迹天涯、不辞劳苦、精明肯干的温州人。最初他们并不起眼，人们只是从修鞋店、小发廊、小商贩中认识他们的。而他们除了江南人的那般瘦小那般灵秀外，总是默默地干活、做生意，他们与其他地方的民工、商贩没有什么两样。但是，慢慢地，温州发廊、温州服装店、温州电子城、温州产品越来越多，各种温州产品包装、标牌、证书、徽章也越来越多。一时间，温州货充斥全国。渐渐地，人们对温州人由漠视、不屑到兴趣十足，到惊奇钦羡，

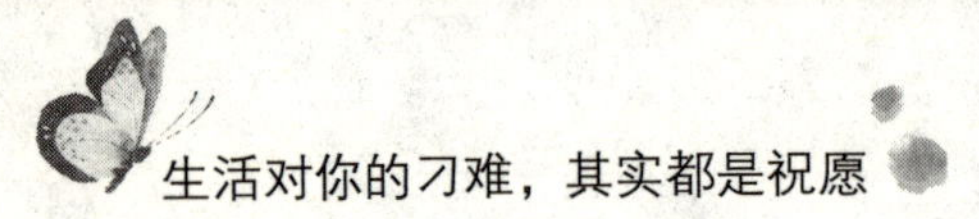

到仔细探究：温州人咋的啦？这么多人，这么会赚钱！

他们做生意，注重从小处着手；也非常能吃苦，意志非常坚韧，用他们自己通俗的说法是既能当老板，又能睡地板。他们务实苦干，只要有一分钱赚就会不遗余力地去干，从不好高骛远，从不好大喜功。即使是生意已经铺得比较大，温州商人仍会像初创时期一样拼命工作。那些看起来没什么钱赚的小生意，他们也不会嫌弃，往往是几分钱的螺丝螺帽、几角钱的小元件，他们都会认真对待，把小生意当作事业来筹划。他们敢闯，但不乱闯。在积累财富的过程中，他们非常耐心，一步一个脚印，不妄想一夜成为富翁；一旦看准某项业务，就会扎下根来，踏踏实实地赚钱。

在大人物眼里，职业没有高低贵贱之分，能否赚钱才是最主要的。正因为如此，中国的温州人才四处闯荡，占据了本地人不屑一顾的那些领域，不声不响地富了起来。他们追求自主、自立，人人都想当老板，且敢冒当老板的风险。他们不论干什么，生活中总充满乐趣，而且敢于开创、善于开创，洒脱、顽强，从不失望。

很多人在做事或经商时心态都很急躁，总是希望一竿子下去，立即打下红彤彤的枣来，在通往成功的道路上，他们所缺乏的不是资金、机遇、胆识，而是态度。我们要记住：唯有埋头，才能出头。

古人说："唯有埋头，乃能出头。"种子如不经过在坚硬的泥土中挣扎奋斗的过程，它将只是一粒干瘪的种子，而永远不能发芽长成一株大树。

埋头做事，就是要面对现实，面向未来，顺从规律，服从大势，不做拔苗助长的蠢事，不干明天后天才有可能做的蠢事。扎扎实实，一步一个脚印地走；循序渐进，一步一步登上事业的巅峰。

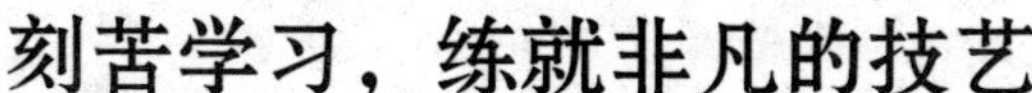

刻苦学习，练就非凡的技艺

哈佛是一面旗帜，是荣誉、知识的殿堂。在这里，学子们升华着自己的人生观和价值观。

很多哈佛的教授常喜欢在民族、国家及至世界的大背景下考虑他们所作所为的价值，作为能够将全美最优秀高中毕业生的大多数招揽入校，并吸引来一百多个国家的数千名学生、学者的世界一流学府的教授，他们的想法正像安德森桥的纪念柱铭文所说的那样：“博学之士的增多是世界的福音”，“查尔斯河两岸智慧之树的树叶和果实，能够荫护和给养所有民族”。

在哈佛，每一位学子都在受教育的过程中树立了远大的理想，同时，也更加踏实地学习，他们深知，在竞争面前，只有提升自己，才是最有利的武器。正所谓，先付出，才杰出。才以学为本，学而为智者，不学而为愚者。想练就非凡的技艺，就要多学习、多吃苦、多研究。追求卓越，没人能完全松懈。我们要像上紧发条的时钟一样，日日行，不怕千万里；常常做，不怕千万事。

学习与其他事情一样，首先一点就是要端正自己的态度。知识的殿堂永远对那些竭尽全力、刻苦努力的人开放。

唯一蝉联三次世界冠军的天才教练蓝柏第有一次说：“任何一位顶天立地、有作为的人，不管怎样，最后他的内心一定会感谢当初刻苦的工作与训练，他一定会衷心向往训练的机会。”

宝剑锋从磨砺出，梅花香自苦寒来。自古以来学，有建树的人，都离不开一个“苦”字。

京剧大师梅兰芳初学戏时与那个时代学戏的孩子一样，曲不离口拳不离手，夏练三伏冬练三九。

那段日子，他的生活极为刻板单调，天明即起出城吊嗓，然后练身段、学唱腔、念本子。练跷功时，他踩着跷站在一张长板凳上的一块长方砖上，一站便是一炷香的时间，直站得汗如雨下、眼泪汪汪。寒冬腊月里他踩着跷在冰面上跑圆场，常常被摔得鼻青脸肿。拿大顶时，他得忍受着头晕、呕吐等不良反应，有时竟昏倒在排练场。由此他对所谓“台上一分钟，台下十年功”有了深切的体会。

14岁的他正式搭班“喜连成”班参加演出。每晚演出之后，他并不急着回家，而始终在胡琴座的后面目不转睛地细看每一个人的表演，无论是角儿的戏，还是一般演员的戏。每看完一出戏，他都会在心里默评优势和粗劣，然后扬长避短，去粗取精为己所用。如此长期地观戏、评戏和实践，不仅使他的演技逐日提高，同时也造就了他日后从善如流的处事态度。

德国大作家歌德说过：“人们在那里高谈阔论着天气和灵感之类的东西，我却像打金锁链那样苦心劳动着，把一个个小环节非常合适地连接起来。”要想取得成就，就要努力刻苦，不轻抛时间！

刻苦学习知识使一个人更充实、更崇高，它不仅帮助你获取工作、积累财富，而且真正影响的是你的内在，帮助你开发自己的能力，更好地利用自己的潜能，成为一个真正的胜利者。

张德培是历史上最年轻的男单冠军，当年，这个不满20岁的黄皮肤小伙子在巴黎成为法国网球公开赛男单冠军的时候，整个球场为之沸腾了，他也成为第一个在这里获得冠军的华裔选手。在其后16年的网球生涯里，他一共赢得34个冠军和近两千万美元奖金，并在1996年年终的ATP男单总排名榜上名列第2位。

其实，张德培的身体条件并不适合网球运动。他1.75米的个头，即便放到女选手中也只算是中等，再加上亚洲人先天性的力量不足，使他在高手如林的男子网坛显得十分单薄。

体格的缺陷迫使他必须要用速度和坚韧弥补弱势，这没有捷径，只能依靠超过常人的刻苦训练。

日复一日，年复一年，这名黄皮肤的小伙子从来不给自己放假。当桑普拉斯躺在希腊海滩上晒太阳时，当阿加西赴拉斯维加斯观看拳击比赛时，张德培都在球场上训练。

训练的过程是极其艰辛的，但他坚持了下来！在此后的十余年里，张德培凭借灵活的步法和不懈的跑动，运用娴熟的底线技术与对手周旋，一有机会就击出大角度的回球置对手于死地，在男子网坛杀出了一片属于自己的天地。

很多人都渴望成功，而成功的不二法门就是不断努力。如果希望一劳永逸，浅尝辄止，则很可能一事无成。看似紧锣密鼓的工作挑战，永不停歇的环境压力，已在不知不觉间培养出你今日的诸般能力。

可见，人的潜力无穷，能否最大限度地挖掘这些潜能，关键在于是否善于强迫自己、经营自己。希望成功，就必须加倍努力。只有不懈努力，才会有丰厚的收获。成功人士有一点是相同的，那就是他们比别人更努力。

世界上没有一件有价值的东西可以不通过辛勤劳动而获得。不吝惜自己汗水的人，也必将会有丰厚的收获。一个成功者的成功之处就在于他总是比别人多付出一些，比别人多向前迈进一步。

树立终生学习的理念，成就非凡人生

至今为止，在哈佛众多的优秀毕业生中，尤以比尔·盖茨的名头最为响亮。但在微软帝国的构建中，另一位哈佛学子可谓举足轻重、功不可没，他就是比尔·盖茨的密友、哈佛精英——微软的前首席执行官史蒂夫·鲍尔默。

鲍尔默 1973 年进入哈佛，他与二年级的比尔·盖茨同住一栋宿舍楼，两个人自从相识后，就如知己一般。大学毕业后，他曾在宝洁公司工作过两年，担任了产品助理经理。加盟微软之前，他曾进入斯坦佛大学商学院深造。

如今的史蒂夫·鲍尔默已功成名就，但他的身上，仍然保有着哈佛学子不断求索、好学上进的作风。在一次行业会议上，一向自信满满的鲍尔默说，微软在搜索领域落后于Google和雅虎。他还说，“在搜索和广告市场，Google是领头羊，我们是第三。但是，我们是一个上进者。”

鲍尔默的这句话，不仅道出了微软的竞争秘诀，而且说出了哈佛学子的成功特质——积极上进，终身求学。

很多外界人士认为，从哈佛毕业的学生，各个都是饱学之士，他们的知识，已经足以让他们应对某个行业的需求。而哈佛人却不这么认为。哈佛大学的一位专家指出：学校里学的东西是十分有限的，在工作中和生活中所需要的相当多的知识与技能，完全要靠我们在实践中边学边摸索。社会是更大的一本书，我所需要经常不断地去翻阅。

一个青年问苏格拉底：怎样才能获得知识，使自己不断上进？

苏格拉底将这个青年带到海里，海水淹没了年轻人，他奋力挣扎才将头探出水面。苏格拉底问：“你在水里最大的愿望是什么？”“空气，当然是呼吸新鲜空气！”“对！学习就得使上这股子劲儿。”

可见，积极上进者对求学要有极高的热情。埃里克·霍弗将军深信：“没有哪个人可以永远独占鳌头，在瞬息万变的世界里，唯有虚心学习的人才能够掌握未来。”

一切事物随着岁月的流逝都会不断折旧，我们赖以生存的知识、技能也一样会折旧。唯有虚心学习，才能够成功掌握未来。毕业于西点军校的成熟稳健又广受欢迎的主播彼得·詹宁斯，在当了3年ABC晚间新闻的主播之后，就下了一个很大胆的决定——他辞去了人人艳羡的主播职位，决定到新闻第一线去磨炼记者的工作技能。经过几年的历练之后，他才又回到ABC主播台的位置。

从彼得·詹宁斯身上我们发现，那些积极的上进者、求学者，在他们的内心中有一个知识和竞争构建的天平，他们积极地充实自己，以求让天平向自己这方倾斜。他们勇敢地承认自己的不足，发现自身的弱势，然后想办法赶快弥补。

1902 年西点军校毕业生、曾任校长的道格拉斯·麦克阿瑟将军曾说："为了更好地解决问题，你不仅需要助手，也需要对手。"有了竞争对手，你才能更及时更深刻地发现自己的不足，从而使自己更趋完善，达到意想不到的效果。

海湾战争之后，一种 M1A2 型坦克开始陆续装备美陆军，这种坦克的防护装甲目前是世界上最坚固的，它可以承受时速超过 4500 公里、单位破坏力超过 135 万千克的打击力量。

M1A2 型坦克的研制者乔治·巴顿中校是美国陆军最优秀的坦克防护装甲专家之一，他接受研制 MlA2 型坦克装甲的任务后，立即找来了毕业于麻省理工学院的著名破坏力专家迈克·马茨工程师。两人各带一个研究小组开始工作。巴顿带的是研制小组，负责研制防护装甲；迈克·马茨带的则是破坏小组，专门负责摧毁巴顿已研制出来的防护装甲。

刚开始的时候，马茨总是能轻而易举地将巴顿研制的新型装甲炸个稀巴烂。但随着时间的推移，巴顿一次次地更换材料、修改设计方案，终于有一天，马茨使尽浑身解数也未能奏效。于是，世界上最坚固的坦克在这种近乎疯狂的"破坏"与"反破坏"试验中诞生了，巴顿与马茨也因此而同时荣获了紫心勋章。

闻一多说："我们不怕承认自身的'弱'，截止知道自身弱在哪里，截止好在各人自己的岗位上来尽力加强它。"

"吾生也有涯，而知也无涯。"具有丰富知识和经验的人，比只有一种知识和经验的人更容易产生新的联想和独到的见解。自身的知识越充足，成功的机会就越大。

在哈佛，很多学生以西点军校约翰·科特上尉的话勉励自己求学上进：勇

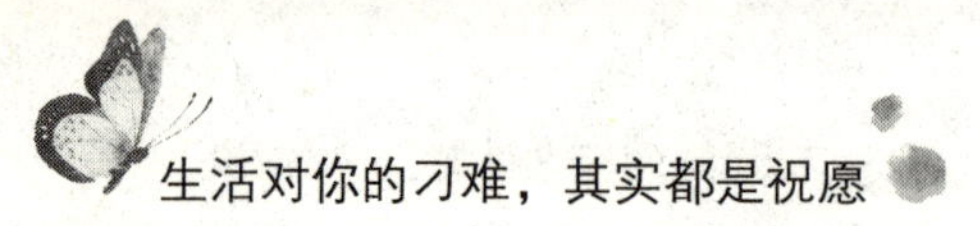

敢地面对挑战，并且大胆采取行动；然后坦然地面对自己，检讨这项行动之所以成功或失败的原因。你会从中吸取教训，然后继续向前迈进，这种终生学习的持续过程将是你在这个瞬息万变的环境中的立足之本。

人的一生都是宝贵的，都是学习知识、受教育的时间。可能有人认为，过了宝贵的青年时期，就失去了读书学习的时机，到了晚年就更不可能学习什么东西了。实际上，学习的时间要靠自己把握和积累，哪怕只是利用自己一些空闲的时间，哪怕你已经人到中年，你也一样可以弥补年轻时的遗憾，甚至获得意想不到的成就。只有不断更新自己的知识结构，才可能不断提升自己。

做你喜欢的事，也要全面发展

哈佛大学十分重视对学生爱好和幸福的培养。这样一个调查案例在哈佛大学的课堂上经常被引用：

哈佛教授曾对 1500 名学生进行过一项调查，询问他们选择自己的专业是出于爱好还是为了赚钱。在这群人中，1255 名学生回答是为了赚钱，245 名学生表示是出于爱好。这项调查持续了 10 年，目的是要了解为了金钱和因为爱好而努力奋斗的人最后各自有多少人成了富翁。结果显示，10 年后，245 名因为爱好而奋斗的人有 100 人成了富翁，而 1255 名为了金钱而工作的人只有 1 人成了富翁。

不管你是不是学生，金钱都是我们不可回避的问题，而工作是我们获得金钱最主要的渠道。很多人在谈及工作时，都感慨它是人生获得意义的一种过程，也都知道应该从事自己喜欢的工作而不是为了金钱去钻营，但生存的压力、朋友的劝谏往往让我们犹豫不决，最后选择以金钱为目标。

但科学的调查结果告诉我们，保证你能拥有足够多金钱的唯一道路是做你自己喜欢的事情。

哈佛告诫学生，在选择专业时要听从自己内心的安排，不要被别人的意见左右，尤其是那些老套的说法："这个专业不赚钱，还是选另一个能赚钱的专业吧。"选择行业时也是如此。只有做自己喜欢的事情，你才能在快乐行事中获得金钱的满足。

哈佛教授还说，爱好不仅仅是为了获取更多的金钱，它对人生意义的实现有着举足轻重的作用。

爱好，特别是良好的爱好，是你生活的帆。一位诗人曾经这样说过，为了您的身心健康，请培养至少一项爱好。这位诗人说的是身心健康，而健康的身心，则是快乐的唯一依托与内在体现。

在心理学的范畴上，爱好是指人生的某一件事情，或者活动的情感倾向。它与兴趣既有关系又有区别，因为兴趣主要是指人对事或活动的认识倾向。一般说来，人们感兴趣的事情，大部分也是爱好，所以，有许多时候，兴趣与爱好是紧密相连的，在某种非正规场合，往往也表示同一个意思。

爱好可以给人一种对快乐的期望与感受。爱好越是强烈，这种期望与感受也越强烈。在发现和培养自己的爱好的同时，也要注重全面发展。

把自己的爱好发展成优势，由此可以促成自己取得一番较大的成就。然而，只有全面培养自己的基本能力，才能不犯下木桶定律似的错误。

从前，有一户人家住在山腰上。一天，小孩带着水桶到山下帮家里取水。小孩辛苦地来到河边取了水，提着那重重的水桶回到家中，探头一望，却发现水桶中竟然连半滴水也没有。 第二天，孩子又拿着水桶到河边取水。辛苦地提着着重重满满的水桶，回到山上一看，水竟然又全部不见了。 这次妈妈生气了，拿着水桶，要孩子晚上也不准休息："去提水！你偷懒，将来渴死了自己负责！"

深夜，小孩又提着水桶回来了，水桶里依然没有半滴水。妈妈见状顿时火大，以为小孩不努力，拿着藤条在孩子身上抽了起来。

小孩无辜地痛哭。其实，小孩不是偷懒，也不是不努力，而是，这水桶底下早已破了一个小裂缝！孩子辛苦爬着山路，水却在回家的路上水悄悄流光。

这个故事是对木桶定律的一个改版和演绎。小孩子手里的水桶的底下早已破了一个小裂缝，所以不管他怎么努力尝试，都无济于事，最终仍是空桶而归，被他的妈妈埋怨打骂。如果他能够及时发现桶底的隙缝并把它补救好，那第一次时他就能做好挑水这件事情。

我们普遍说的木桶定律，专业人士这样解释：

对于一只用于盛水的木桶来说，它盛水容量的多少并不取决于桶壁上最高的那块木板，而恰恰取决于桶壁上最短的那块木板。专业人士把这一规律总结成为“木桶定律”或“木桶理论”，一些管理者对其进行总结，根据它的核心内容，提出了以下三个推论：

第一，只有当木桶壁上的所有木板都足够高时，木桶才能盛满水；只要这个木桶有一块板不够高度，木桶里的水就不可能是满的；

第二，比最低木板高的所有木板的高出部分都是没有意义的，高得越多，浪费就越大；

第三，要想提高木桶的容量，应该设法加高最低木板的高度，这是最有效也是唯一的途径。

从这三条推论我们不难看出，一个人，如果不能在诸多方面得到全面发展，那么，无论在哪一项上存在严重漏洞，都会影响他的人生前途。或许，他在短时期不会感觉到这种弊端的存在，但当他在某一时刻突然感知到时，往往会后悔莫及。

在现实生活中，有爱好，在某方面有优势，但在另一方面的能力严重不足的人不在少数，他们或多或少地也依循着“木桶定律”的理论，在自己的职业道路或人生历程中，由于自身存在的劣势使自己的发展深受束缚。培养良好的爱好，发展自身的优势，在全面发展中提高自己，才能尽早获得人生的幸福。

关注细节，成败决定于细节

1880 年从哈佛毕业的美国第 26 任总统西奥多 · 罗斯福是哈佛学子的榜样，在哈佛的课堂里，他的事迹也广为传诵。

西奥多 · 罗斯福是个重视细节的人，凡是须经他签名的信函，他总要亲笔更动几个字后才发信。起初秘书认为是自己撰写得不够好，后来秘书发现他是每封信都改，有一天实在忍不住，问总统是否对所有信都不满意。罗斯福摇头说：“我是怕收信人误认为信函全由秘书代写代打，我只不过签个名而已，所以我一定要用笔更动一两个字。这么一来，每封信都增加了‘人情味’，不再那么冷冰冰了。”

哲人说，小事成就大事，细节成就完美。在小事上认真的人，做大事一定成绩卓越。因为细节最能体现一个人的智慧和美德。完美的细节代表着永不懈怠的处世风格，也是一个人追求成功的资本。

在美国与哈佛齐名的西点军校前校长潘莫说，最聪明的人设计出来的最伟大的计划，执行的时候还是必须从小处着手，整个计划的成败就取决于这些细节。由此可见，重视细节在美国人的心中占有重要的位置。

近些年，细节决定成败的口号喊得越来越响亮，但仍有些人做事毛躁马虎，以至于带来无尽的烦恼，甚至带来意想不到的损失。

据说，某服装厂与外地的一个商场签订了一份服装购销合同。合同中规定：货款 45 万元，贷到付款。

作为卖方的服装厂认真履行合同，按时将货送去了，并相信对方也一定会及时付款。谁知，两个多月过去了，卖方还没有见到对方货款的影子，不得不打电话相催。

买方却表示何时贷款到账，何时付清货款。卖方当然不干，可拿出己方持有的那份合同书仔细一看，果然也写着“贷到付款”而不是“货到付款”。

双方争执不下，最后告到法院。法官们经过审理，认定合同有效。这样，买方何时才能贷到那45万元的贷款，卖方何时才能拿到货款，就只有天知道了。

一位伟人曾经说过：“轻率和疏忽所造成的祸患将超乎人们的想象。”生活中若总是粗枝大叶、马马虎虎、鲁莽轻率，就会失去很多原本属于自己的东西，而留下一生的遗憾。

即使现代生活步伐再快，我们仍要精益求精，一丝不苟，若马虎地对待工作，工作也会马虎地对待我们。而若能细心对待生活，注重生活中的细节问题，也许就会有意料之外的收获。

对于年轻人来说，不论多么远大的理想，都需要一步步实现；不论多么浩大的工程，都需要一砖一瓦垒起来。平庸和杰出的差距就在一些细节中，这是一个细节制胜的时代，对于自己的工作，无论大小，都要了解得非常透彻，数据应该非常准确，事实也应该非常真实，这样才能脚踏实地完成宏伟的目标。

美国绝大部分企业家会知道一些十分精确的数字，比如，全国平均每人每天吃几个汉堡包、几个鸡蛋。之所以要了解得这么清楚，是因为他们想确保细节上多方面的优势，不给竞争者可乘之机，哪怕是一些细枝末节上的漏洞。

对所有人来说，熟知细节都是最佳的训练，尤其是面对紧急、影响重大的事情时，这些知识更是有用。对待小事、对待细节的处理方式往往也反映了一个人工作的态度。是积极面对，脚踏实地，还是整日空想成功，却不愿从身边的事情做起，这两种截然不同的态度，是成败的一个区别。

一个男孩子的父亲有一个很大的养鸡场，当男孩10岁的时候，父亲给了他 50 只鸡让他饲养。当然，这一切是有条件的，一是这些鸡都是父亲挑剩的劣质仔鸡，二是养鸡要自负盈亏。

男孩子欣喜若狂，信心十足地开始了自己的第一次经营活动。他对养鸡的事一窍不通，于是便认真地观察起来。通过观察鸡吃食的情况，他渐渐发现一个问题：当一个鸡笼里的鸡少一些的时候，小鸡吃得就多，长得就快；但是鸡太少的时候，又会浪费鸡舍和鸡饲料，所以必须掌握最佳的结合点。经过一段时间的摸索，男孩总结出每个鸡笼里养 40 只小鸡是最合适的。在男孩的精心饲养下，那些原本蹩脚的小鸡日渐改观、逐渐长大。当这些鸡开始产蛋的时候，每月卖鸡蛋的纯收入达 15 美元，这在大萧条时期可是一笔不少的钱。

后来，这些原本劣质的鸡雏的产蛋量远远超过了父亲的那些良种鸡。开始时，父亲不相信，当他亲眼看到男孩卖了鸡蛋拿到钱的时候，才不得不对孩子夸赞几句。

父亲对男孩的评价是：“能够注意到细小的环节，并且能够认真实施和改进。”

后来，父亲将一部分鸡场交给男孩子管理经营，事实进一步证明男孩的管理和销售能力，他管理的几个鸡场的效益都超过了父亲。当男孩 19 岁的时候，父亲将整个家禽养殖场全部交给了男孩。

这就是美国第四大家禽公司——伯杜饲养集团公司董事长弗兰克·伯社的成长经历。

很多人之所以一生都无所成就，多是因为他们有着大事干不了、小事又不愿干的心理。小至个人，大到一个国家，每一个突破，都是来源于平凡工作的积累。没有人可以一步登天，当你认真对待每一件小事时，就会发现自己的人生之路越来越广，成功的机遇也会接踵而来。

人性中最深切的本质是被人赏识的渴望

提到哈佛，就不得不说到哈佛最伟大的学生——比尔·盖茨。假如没有比尔·盖茨，就可能没有现在的个人计算机时代的来临。这个20岁辍学创业的小伙子，31岁时成了有史以来最年轻的亿万富翁，从39岁开始连续12年“霸占”世界首富位置。几十年间，盖茨统领下的微软帝国以对数字技术的创新深刻地改变着人类的生活方式，其影响力甚至超过了一个行政意义上的国家，而盖茨本人则成为无数人心目中的偶像。

盖茨取得如此卓越的成就，他把其归功于母亲对自己的影响。

在2003年5月11日的母亲节，华盛顿大学的校园网上贴出这么一张问卷——你从母亲那儿继承了什么？

为了引人关注，他们在打开问卷的地方做了一幅小小的动画：一位老太太注视着一只金鱼缸，缸中一只大白鲨正在鱼群中游动，你一点击，它就吃掉一条小金鱼，并传出一句话——任何会动的东西，都是我的猎物。

如果你仔细观察这个动画，你会发现，那位注视鱼缸的老太太是华盛顿大学的董事长——比尔·盖茨的母亲玛丽·盖茨，大白鲨的那句话是他儿子的名言。

他们之所以用这幅动画作引子，据说是为了纪念他们的董事长，因为前不久她去世了，同时也给访问者一个暗示，只要你回答这个问题，我们就告诉你，比尔·盖茨是怎样回答的。

比尔·盖茨这样一位旷世奇才，他从母亲那儿继承了什么？或者说，他母亲给了他什么？对这样的问题，谁不感兴趣呢？

打开问卷，为了知道比尔·盖茨的母亲给儿子留下的密笈，我按要求填上了来自于自己母亲的品性——虔诚。点击“发送”之后，眼睛还没来得及眨一下，就弹出一句话，说，OK! 你和比尔·盖茨一样，从母亲那儿继承了同样的东西。

是上当受骗了吗？我还未来得及作更多的思索，一个画面出现在屏幕上。它是一张实物问候卡影印件，是比尔·盖茨在 1975 年母亲节时，寄给他妈妈的。这一年，他在哈佛大学读二年级。

比尔·盖茨在卡上用斜体英文写着这么一段话：我爱您！妈妈，您从来不说我比别的孩子差；您总是在我干的事情中，不断寻找值得赞许的地方；我怀念和您在一起的所有时光。

比尔·盖茨到底从他母亲那儿继承了什么，我没有得到具体的答案，但从这张问候卡上，我似乎感觉到，这位独步天下的亿万富翁，从他母亲那儿得到了一份被许多母亲忽视了的东西——赏识。

每个人都渴望受到别人的赏识、夸奖、称赞。人上之人那种自豪与喜悦的感觉，也促使着很多伟人在成长的道路上不断进取。

美国著名心理学家詹姆斯说过这样一句话，“人性中最深切的本质是被人赏识的渴望”。人活着不仅仅是为了自己，也不仅仅是为了获得衣食住行的满足，很多人都有体会，最原始的快乐不是物质得到满足的时候，而是自己的能力得到肯定，自己的价值别人认可，自身的作用被别人褒奖的时候。

有一个年轻人，好不容易获得一份销售工作，勤勤恳恳干了大半年，非但毫无起色，反而在几个大项目上接连失败。而他的同事，个个都干出了成绩。他实在忍受不了这种痛苦。在总经理办公室，他惭愧地说，可能自己不适合这份工作。“安心工作吧，我从一开始就很赏识你，会给你足够的时间，直到你成功为止。到那时，你再要走我不留你。”老总的宽容让年轻人很感动。他想，总应该做出一两件像样的事来再走。于是，他在后来的工作中多了一些冷静和思考。

过了一年，年轻人又走进了老总的办公室。不过，这一次他是轻松的，他已经连续七个月在公司销售排行榜中高居榜首，成了当之无愧的业务骨干。原来，这份工作是那么适合他！他想知道，当初，老总为什么会继续留用一个败军之将呢？

“因为，我比你更不甘心。”老总的回答完全出乎年轻人的预料。老总解释道：“记得当初招聘时，公司收下100多份应聘材料，我面试了20多人，最后却只录用了你一个。如果接受你的辞职，我无疑是非常失败的。我深信，既然你能在应聘时得到我的赏识，也一定有能力在工作中得到客户的认可，你缺少的只是机会和时间。”

很多时候，一句信任的话，一个鼓励的眼神就可以给人强大的力量。赏识别人，你由此获得了宝贵的情意；受人赏识，你从而肯定了自己的价值，也因此更加提升自己。

生活中总有很多的坎坷在我们前行的道路上隐藏着，你总会发现，选择逃避，并非是一种安身的方法。你要坚信，只要心选择坚强，你就不会被打倒。一个人能够出类拔萃、得到赏识，是因为他已然像一颗珍珠一样闪闪发亮。只是每个人身上光亮的强弱程度不同而已。

赏识别人，更要赏识自己，世间万物都有自己独特的价值，你的价值在于肯定自己，相信自己，从而披荆斩棘地一路前行。

第8章 修炼难得品质，品格比能力更重要

诚信是人生最大的美德

哈佛学子爱默生曾说，“诚实的人必须对自己守信，他的最后靠山就是真诚。”富兰克林说，“诚实和勤勉，应该成为你永久的伴侣。”

在哈佛，每一个学生都懂得，诚信是一个人的立身之本，是一切美德和能力的基础，如果失去了诚信，将失去一切。人可能有许多美德：勇敢、智慧、服务、创造力、帮助、乐观等；但如果是一个不诚实的人，说假话的人，这一切都将失去，因为基础没有了。

在国内，2001 年高考，江苏一位考生的作文题目是《赤兔之死》，作者以三国故事为基础，编撰了赤兔马为诚信而殒身的故事，感动了许多人。

建安二十六年，公元 221 年，关羽走麦城，兵败遭擒，拒降，为孙权所害。其坐骑赤兔马为孙权赐予马忠。

一日，马忠上表：赤兔马绝食数日，不久将亡。孙权大惊，急访江东名士伯喜。此人乃伯乐之后，人言其精通马语。

马忠引伯喜回府，至槽间，但见赤兔马伏于地，哀嘶不止。众人不解，惟伯喜知之。伯喜遣散诸人，抚其背叹道：“昔日曹操做《龟虽寿》，‘老骥伏枥，志在千里。烈士暮年，壮心不已。’吾深知君念关将军之恩义，欲从之于地下。然当日吕奉先白门楼殒命，亦未见君如此相依，为何今日这等轻生，岂不负君千里之志哉？”

赤兔马哀嘶一声，叹道：“予尝闻，‘鸟之将死，其鸣也哀；人之将死，其言也善。’今幸遇先生，吾可将肺腑之言相告。吾生于西凉，后为董卓所获，此人飞扬跋扈，杀少帝，卧龙床，实为汉贼，吾深恨之。”

伯喜点头，曰：“后闻李儒献计，将君赠予吕布，吕布乃天下第一勇将，众皆言，‘人中吕布，马中赤兔。’想来当不负君之志也。”

赤兔马叹曰：“公言差矣。吕布此人最是无信，为荣华而杀丁原，为美色而刺董卓，投刘备而夺其徐州，结袁绍而斩其婚使。‘人无信不立’，与此等无诚信之人齐名，实为吾平生之大耻！后吾归于曹操，其手下虽猛将如云，却无人可称英雄。吾恐今生只辱于奴隶人之手，骈死于槽枥之间。后曹操将吾赠予关将军；吾曾于虎牢关前见其武勇，白门楼上见其恩义，仰慕已久。关将军见吾亦大喜，拜谢曹操。操问何故如此，关将军答曰：‘吾知此马日行千里，今幸得之，他日若知兄长下落，可一日而得见矣。’其人诚信如此。常言道：‘鸟随鸾凤飞腾远，人伴贤良品质高。’吾敢不以死相报乎？”伯喜闻之，叹曰：“人皆言关将军乃诚信之士，今日所闻，果真如此。”

赤兔马泣曰：“吾尝慕不食周粟之伯夷、叔齐之高义。玉可碎而不可损其白，竹可破而不可毁其节。士为知已而死，人因诚信而存，吾安肯食吴粟而苟活于世间？”言罢，伏地而亡。

伯喜放声痛哭，曰：“物犹如此，人何以堪？”后奏于孙权。权闻之亦泣：“吾不知云长诚信如此，今此忠义之士为吾所害，吾何面目见天下苍生？”后孙权传旨，将关羽父子并赤兔马厚葬。

马犹如此，人何以堪？

每个人在希望别人对自己诚信、守诺时都要了解，别人也怀有如此的渴望。诚信如同一轮明月，曾普照大地，以它的清辉驱尽人间的阴影，它散发出了光辉，可是，它并没有失去什么，仍然那么皎洁明丽。诚信待人，付出的是真诚和信任，赢得的是友谊和尊重；诚信如一束玫瑰的芬芳，能打动有情人的心。

无论时空如何变幻，它都闪烁着诱人的光芒。有了它，生活就有了芬芳；有了它，人生就有了追求！

因为我们期待诚信，所以诚信在那些纯朴美丽的人们心中生根发芽，市井的喧嚣和霓虹灯的艳影淹没不了它的光华。

因为诚信，蔺相如才会手执和氏璧在秦王殿上慷慨陈词，他深知秦王的阴险与贪婪，但为了那完璧归赵的诺言，他英勇地捍卫国家的利益和个人心灵深处那份不朽的契约。

因为诚信，“文不能安邦，武不能服众”的宋江才能坐上聚义厅的头把交椅，将替天行道的大旗扯得迎风飘扬。

追溯中国悠久的文明史，“信”可以说是儒家文化核心价值之一。中国的君子以信为立身之本和待人的黄金原则。

人说潘石屹是商人中的君子，他认为，诚信、诚实是最有力量解决所有问题的手段。他以自己的亲身经历，诠释了诚信这一品格的力量。

“1998 年，发生现代城销售人员一夜之间被竞争对手挖走的事件。我的办法是把我知道的所有的真实情况一字不落地通过媒体告诉大众，告诉关注这件事的人，让大家都了解真相，最后我们得到了社会最广泛的同情和支持。这件事情非但没有给我们带来损失，反而使我们的营业额剧增。最后来报名加入我们销售队伍的人员达到几千人。另一件事是 2001 年现代城的氨气事件，房子里出现了氨气。我们马上会同施工单位一起查找原因，最后发现是混凝土的添加剂造成的。当天，我们向所有的客户写公开信说明原因，并公开表示道歉，在全世界的范围内招聘消除氨气的设备和技术。同时，如果有愿意退房的客户，加 10% 的回报无理由退房。这是我们和混凝土搅拌站一起犯的错误，但我们非常诚实地说明了事情的真相，得到了绝大部分客户的同情和理解。”

“子曰：人而无信，不知其可也。”古往今来的伟人或社会精英莫不是以诚信为本，所以才能实现人生的辉煌。

人年轻时要赶快积累知识和财富，同样也要注重德行的修养。诚信是人生最大的美德，它像一根小小的火柴，燃亮一片心空；像一片小小的绿叶，倾倒一个季节；像一朵小小的浪花，飞溅起整个海洋。

责任心是人成熟的重要标准

提到哈佛，人们心中立刻就会浮现出蜚声中外的学府、学术自由的天地、知识探索的殿堂、道德文化的楷模、社会进步的源泉、大师云集的天地、精英荟萃的沃土等赞叹溢美的词汇，显示出这所具有三百多年建校历史的大学的卓越成就与世界影响。

世界一流大学成功的原因是多方面的，不可忽视的一点就是其优秀的师资力量。在哈佛，每一位教授的任职都需要经过一套有效的聘任晋升制度。这也体现了哈佛对学生的负责精神。

有这样一个真实的故事：

亨利·基辛格的名字众人皆知，他 1923 年出生在德国菲尔特一个犹太人的家庭，1938 年移居美国。1947 年因获得“国家学者奖学金”而进入哈佛大学，他以敏捷和思辨的头脑、优秀的学业深得教授的喜爱。

基辛格离任后很想回到哈佛大学继续他的学术生涯，这似乎是一个我们看来没有悬念，而对哈佛也是求之不得的美事，而现实却出乎意料，时任哈佛校长的博克教授婉言谢绝了这位大人物的要求。他说：“基辛格是个学识渊博的人，论私交，我和他也不坏。”但是，“我要的是教授，不是大人物”，“我不能花钱去请一个挂名的人”。他深知大人物很难把心拉回到教学上来。博克的选择让我们深刻领会到哈佛人对责任的重视。

不管是多么大牌的名人，如果对教学、对学生没有很大的帮助，甚至会在课堂上浪费学生的时间，那么，哈佛人是不会让他担任讲师之职的。

哈佛告诉学生，责任心是衡量一个人成熟与否的重要标准。责任心会使一个人变得坚强。面对诱惑，他能恪守原则；面对挑战，他会奋力拼搏。他知道这是他的责任，他不能逃脱，必须积极地去对待而非消极地躲避。

责任心往往驱使我们做一件事，而且努力把它做好。我们每个人都要明白，只有我们认为那件事很重要，是你的责任，你才能调动全身的力量去干好这件事，千方百计地争取收获最好的结果。

我们在社会中扮演了许多角色，在老师面前我们是学生，在同学面前我们是朋友，在上级面前我们是下属。在所扮演的角色中，我们必须承担起相应的责任。正是这份责任，让你坚持自己的原则，堂堂正正地做事。

俄国十月革命刚刚胜利，一天早晨，朝阳透过薄雾，把金色的光辉洒在高大的斯莫尔尼宫上。人民委员会就设在斯莫尔尼宫，在门前站岗的是新战士洛班诺夫。班长叮嘱他说："洛班诺夫同志，你今天第一次站岗。到这里来的人很多，你的任务是检查他们的通行证。列宁同志要来这里开会，你千万不能让坏人混进来！"

"是，班长同志。"洛班诺夫行了个军礼，"我以革命的名义保证，一定为列宁同志站好岗！"

太阳越升越高，到斯莫尔尼宫开会和办事的人真多，有工人，有士兵，有农民，还有学生。洛班诺夫认真地检查了他们的通行证。

人民委员会主席列宁来了。他一边走，一边在考虑什么问题。

"同志，您的通行证？"洛班诺夫拦住了他。

"噢，通行证，我这就拿。"列宁急忙把手伸进衣兜里拿通行证。

一位来开会的同志看到洛班诺夫拦住了列宁查通行证，就生气地嚷起来："放行吧，放行吧！他是列宁！"

“对不起。”洛班诺夫严肃地说，“我没有见过列宁。没有通行证，谁也不能进！”

列宁把通行证交给洛班诺夫。洛班诺夫接过来一看，果然是列宁同志，他非常不安，举手行礼说：“列宁同志，请原谅，我耽误了你的时间。”

列宁握住这位年轻战士的手，高兴地说：“你做得很对，小伙子！你对工作很负责任。谢谢！”

他又回过头来对旁边那位同志说：“你不该责备他。我们就需要这样认真负责的好战士。革命纪律是每个人都应该遵守的，我也不能例外。”

哲人说，“人”只有在肩膀上担“担子”，才能够长“大”。责任感是一个人做事的脊梁，当把责任二字铭记于心时，你会变得更加刚强。毛姆曾说：“要使一个人显示他的本质，叫他承担一种责任是最有效的办法。”可见，责任是一个人内在的高尚品质。

先哲孟子所谓的“穷则独善其身，达则兼济天下”，意思是说如果人身处逆境不得志，就要锐意进取，更多地注重自身品德、能力的提高；若一个人在春风得意之时，还能心怀天下，关心他人疾苦，造福百姓，那么他就是一个真正成功的人士。在这里，孟子把一个人穷时和达时应该有的责任、应该尽的义务讲解得很清楚。

范仲淹所谓的“居庙堂之高则忧其民，处江湖之远则忧其君”，是在告诫人们，一个人身居高位、大权在握的时候，有责任念念不忘怎么样让老百姓的生活更好，怎么样让老百姓的福利更多；一个人不受重用、遭受排挤时候，也要洁身自好，保持自己的操守，修养个人品德，心里也要时刻装着老百姓。

古往今来，先贤志士都很注重对责任心的培养。今天，人们呼唤责任感，每个家庭、每个学校，乃至整个社会，都需要那些为它们尽到责任的人。

坚持原则是考验人的道德水准的重要依据

哈佛在学子的心中不仅仅是一座知识的殿堂，更是一所精神和品质的家园。哈佛大学的教授时刻谨记身教重于言教的育人理念，端正自身的行为和品行，也正是这一点，使得哈佛大学的美名流传甚广。

这是发生在哈佛大学的一个真实的故事：

时逢1986年，正是哈佛大学建校350周年，校方准备校庆与毕业典礼同时举行，并邀请当时的美国总统里根参加盛典和发表演说，因为哈佛大学300周年校庆时，罗斯福总统参加过庆典。这也是为大学争辉的事。但没有想到里根总统提出了一个要求，他希望授予他哈佛荣誉博士学位。这本身是一件小事，但以学术水平为唯一标准来聘任教授和授予荣誉学位称号的制度，却使哈佛大学的董事会、校长、教授会为了大学学术声誉的尊严和学校制度的严谨断然拒绝了里根总统的要求，里根因此也没有参加哈佛的350周年校庆活动。

试想，如果换作某些大学，总统提出担当名誉教授的要求时，有几家能够坚持聘任教授的原则而拒绝呢？哈佛做到了。在政治化、商业化的熏染下，许多大学向权力意志的行政机构蜕变，学术自由、崇尚真理的大学传统正在经受挑战。哈佛人死守自身的原则，才更显其伟大。

同是美国另一所著名学府的西点军校，由此毕业的第十八任总统格兰特曾说，非常情况下能否坚持原则，常常是判断一个人道德水准的重要依据。

在一个漆黑的、狂风暴雨的夜晚，大副从驾驶室出来走向船长说：“船长，船长，我们的海道上有灯光，而且他们不愿移开。”

“他们不愿移开是什么意思？叫他们移开。告诉他们立即右偏。”

信号发了出去：“右偏，右偏。”发回来的信号说：“你自己右偏。”

“我就不信。这是怎么了？让他们知道我是谁。”信号发出去：“这里是密苏里巨轮，请右偏。”信号发了回来：“这里是灯塔。”

正确的原则犹如灯塔，它们不会移动。它们是自然法则，我们打破不了。我们要么让自己与它们相悖，要么去学习它们、调整它们、利用它们，并感激它们。然后我们自己得以发展，得以解放，得到使用这些原则的能力。

的确，在社会生活中，不管干什么，都要有自己的原则。这里的原则既包括办事的方法，也包括为人、处事的立场、主见。一味地迁就、顺从别人，实际上是软弱的表现。做人不能没有原则。没有了做人的原则，也就没有了衡量对与错的尺度。

原则是说话或行事所依据的法则或标准。它规范着人应当怎样，不应当怎样，可以怎样，不可以怎样。大凡一个人，在想问题、干工作、办事情的过程中，都有一个讲原则的问题。敢不敢于、善不善于讲原则，是检验一个人、一个单位、一个国家修养和素质的一块试金石。

1764 年的一天深夜，一场大火烧毁了哈佛的图书馆，很多珍贵的古书绝籍被毁于一旦，让人痛心疾首。第二天，这场重大事故学校上下得知，有名学生尤其面色凝重。

原来，在这场突发的火灾之前，这名普通学生违反图书馆规则，悄悄把哈佛牧师捐赠的一本书带出馆外，准备优哉游哉地阅读完后再归还。突然之间，这本书就成为哈佛捐赠的 300 本书中的唯一珍本。怎么办？是神鬼不知地据为己有，还是光明坦荡地承认错误？一番激烈的思想斗争后，惴惴不安的学生终于敲开了校长办公室的房间，说明理由后，郑重地将书还给学校。霍里厄克校长接下来的举动更令人吃惊，收下书表示感谢，对学生的勇气和诚实予以褒奖，然后又把他开除出校。

哈佛的理念是：让校规看守哈佛，比用其他东西看守哈佛更安全有效。有人说，天下最糟糕的事就是不讲原则。不能否认，现实生活中有坚持原则、刚正不阿者命运坎坷，八面玲珑、圆滑世故者左右逢源的现象。但是，这只是一时的结果，对于人生来说，这一点甜头只会为日后种下苦果。

一位哈佛教授这样告诉他的学生，我们应随着时代的变迁而调整自我，但信守不变的原则。在坚持自己原则的基础上，逐渐创立自己新的原则，使自己不断发展，不断完善。

自信就是成功的第一秘诀

在黑夜翻耕的土壤中，仅有2%的野草种子日后会发芽；但如果在白天翻耕，野草种子发芽率高达80%，约是前者的40倍。这是德国著名的农学家苏力贝克观察发现的结果。

为了弄清问题的实质，苏力贝克通过进一步研究，终于得出结论：绝大多数野草种子在被翻出土后的数小时内如果没有受到光线（即使是短至几分之一秒）的刺激，便难以发芽。

当我们处于人生的黑夜时期时，你也不要忘了给自己一缕自信的阳光，这一缕阳光或许看似微弱，但它可能拯救整个人生！

中国古语说：人皆可以为舜尧。意思是说，只要我们树立必胜的信心，就能够战胜任何困难，成为杰出的人。生活中，一个缺乏信心的人，就如同一根受了潮的火柴，是不可能擦亮希望之光的。

生活中有这样一群人。他们经常会这样想：世界上最好的东西，永远不是他们所能拥有的。他们认为，生活中的一切美好的事物，都是留给一些特殊的人的。有了这种卑贱的心理后，他们当然就不会有要成就伟大事业的观念。

有一次，一个士兵骑马给拿破仑送信，由于马跑得速度太快，在到达目的地之前猛跌了一跤，那马就此一命呜呼。拿破仑接到了信后，立刻写封回信，交给那个士兵，吩咐士兵骑自己的马，快速把回信送去。那个士兵看到那匹强壮的骏马，身上装饰得无比华丽，便对拿破仑说："不，将军，我是一个平庸的士兵，实在不配骑这匹华美强壮的骏马。"

拿破仑回答道："世上没有一样东西，是法兰西士兵所不配享有的。"

你是否也像这个法国士兵一样呢？在心底认为自己的身份卑微，不敢奢求过多，更不敢在公众场合表现自己。这种自轻自贱的观念，往往成为不求上进、自甘堕落的主要借口和托词。

张爱玲曾说："信心是蕴藏于生命中的伟大力量，是创造成功的奇迹，是立身立业不可缺少的保障。只要有信心，你就能移动一座山；只要你相信自己会成功，你就一定能成功。"一个人只要有自信，那么他就能成为他所希望成为的人。

日本三洋电机公司的创始者叫作井植几男，井植先生创业之初就决心把自己的远大理想变为现实，并且相信他一定能做到。

他解释为什么把公司的名称叫作"三洋"时说："我认为名字越大越好，就像能把产品卖到太平洋、大西洋、印度洋各个国家一样，所以我把公司命名为'三洋'。"言语中无不透出必胜的信心。

他在创业时的第一次训话中说："我们三洋电机公司就要创业了，我们的总人数虽然只有 20 人，可是我们的前途像大洋一般宏大。在这里所制造的脚踏车自动发电灯，不久的将来可以卖出 200 万个。不！现在世界人口有 27 亿，其中使用脚踏车的人大约有 10 亿人，这 10 亿人的一半就是 5 亿人，我们来让他们使用本公司生产的灯吧！"

经过几十年的艰苦奋斗，如今，三洋电机公司成为世界上著名的电机公司之一。

"三洋"今天的成绩，主要是得益于他的创始人当初满满的自信，和为达到自己的目标所付出的艰辛。玛丽·科莱利说："如果我是块泥土，那么我这块泥土，也要预备给勇敢的人来践踏。”如果在表情和言行上时时显露着卑微，任何时候都不信任自己、不尊重自己，那么这种人自然得不到别人的尊重。

成功者自信，失意者自卑。不断的成功会不断地增强自信，而不断地失败也会加重自卑，甚至原本自信的人在经历了几次失败后也会变得自卑。当你不自信的时候，你就难于做好什么，当你什么也做不好时，你就更加不自信，这是一种恶性循环。若想从这种恶性循环中摆脱出来，重建自信心，我们不妨先从最有把握做好的事情做起，用不断取得的成功来建立我们的自信心。

自信是直面人生的一种勇气和信念，存在于内心，显露于业绩。它鼓舞生命百折不挠、气宇轩昂，置身于滚滚红尘。自信的人是幸运儿：能生活在自己的意愿里，且始终为此付出努力；走在自己的光芒里，不会撒下碎片，成为流星。

人有志而无自信不立。明确的人生目标和自信，是根与泥土相互依存的关系。根固守泥土，土壤才将养分输送给根；根获得旺盛的生命，必定有力地拥抱大地。如此历经风风雨雨，人生才不会发生水土流失，成为不毛之地，而始终洋溢葱绿的生命意趣。

如果，自信促使你按捺不住内心想表达的欲望，请默诵尼采的诗句：有一天有许多话要说出的人，常默然把许多话藏在内心，有一天要点燃闪电火花的人，必须长期做天上的云。

有些话说出了，就像坛中的酒倒出来后，看上去仍是高深莫测的一坛，其实坛内已变得浅薄。自信人生须表达，只要悄然酿造，随岁月的流逝，就会越发醇厚。

自信是需要长期拥有的一种心态，它会让你认识自己所扮演的人生角色，自己在哪方面有足够的能力，还有哪方面的潜能需要自己再发掘。认识这些，你就能精神饱满地迎接每一天升起的太阳，能抓住每一个稍纵即逝的机会，并为自己创造无限的财富。

善始善终的人最终能收获幸福人生

一个人做事须善始善终，要做好事情的开头，更要做好事情的结尾。许多人在做一件事情的时，往往能很好开始，却不能很好地持之以恒。这样的人不管怎样努力，最终的结果只能是在心中期盼来一个又一个春天，却看不到秋天收获的风景。

曾听一位教授在课堂上讲过这样一个故事：

一位劳碌了一生的老木匠准备退休，他为这家公司作出了很大的贡献。从开始上班的第一天起，他就在这里工作，从学徒，到师爷，每一步都走得扎扎实实。

这天，他告诉老板，说自己的身体不能承担过重的体力劳动了，要离开建筑行业，回家与妻子儿女享受天伦之乐。老板只得答应，但问他是否可以帮忙再建一座房子，老木匠答应了。在盖房过程中，大家都看出来，老木匠的心已不在工作上了。他用料也不那么严格，做出的活也全无往日水准。老板并没有说什么，只是在房子建好后，把钥匙交给了老木匠。“这是你的房子。我送给你的礼物。”老木匠愣住了，同时，他的后悔与羞愧大家也都看出来了。他这一生盖了多少好房子，最后却为自己建了这样一幢粗制滥造的房子。

在生活中，幸运有时总会降临到你的头上，而承载这份幸运的则是你善始善终的态度。最后关头一点点的漫不经心，往往让你损失惨重，后悔不已。

人生的获得，在于每一次都竭尽全力的努力，不管是在开始，还是在结束。每一小步都走得坚实，走到一个阶段的最后，你所积累的会显得更加深厚。

很多人都明白，人与人之间的才智差别并不是很大，但许多看上去才智不佳的人都同样取得了成功，而许多本来才智高超的人却很落魄。原因并不是失败者做事能力差，而是因为成功者能够认认真真地把事情做到最后，而失败者总是见异思迁，什么事都只能做一点点，或做到一半便放弃了，在他的人生里留下了许多的“半截子”工程。实践证明，如果每个人都能够一心一意做事并坚持到最后，许多事情都会有好的结果。

英国首相丘吉尔为反法西斯的斗争作出了杰出的贡献，后来成了民族英雄、伟大的政治家、演讲家。他的名字和他的功绩一起被载入了英国发展的史册。然而，丘吉尔曾经是个蹩脚的演说家。有一次，他应邀要参加演讲会，他在会前反复背诵讲稿，对着镜子反复进行演讲练习，恐怕到时候出丑被人耻笑。

然而，他一进入演讲会场就紧张得心跳加速，满脸冒汗，大腿也不听使唤地颤抖。他走上讲台做了次深呼吸，然后给台下人鞠了个躬，开始演讲。可是，因为太紧张，他没讲几句话，脑子里就出现了一片空白，本来背得滚瓜烂熟的讲稿却一句也想不起来了。他急得涨红了脸，只好尴尬地离开讲台，不得不放弃了演讲机会。

丘吉尔为自己第一次演讲失败而感到羞愧，回到家里觉得无地自容，他认为这是他的奇耻大辱。他永远也不能忘记，自己的这次演讲非但没有得到台下听众的热烈掌声，反而得到了一双双羞辱的目光。他不相信自己是天生的笨蛋，他相信只要克服了演讲时的紧张恐惧心理，就一定会成为杰出的演说家。他把那次演讲出丑的事，当成他学习演讲的动力。他自己寻找机会大胆地面对观众，大声地说自己想说的话和观点，他不再刻意提前拟稿和背稿，而是尽兴发挥演讲，结果他的演讲效果一次比一次好。

1940 年，丘吉尔当选为英国首相，他的脱稿就职讲话精彩纷呈，不仅观点鲜明，神态自然，铿锵有力，而且说出了人们想说而没能说出的话，句句都打动了人们的心，博得了一阵又一阵的掌声。在反法西斯战斗中，他精辟的演讲振奋了英国军民的士气，成为鼓舞士兵一次又一次打败强敌的动力。

丘吉尔在改变自己的过程中善始善终的精神令我们感动。在许多人看来，一旦自己经历了那样丢尽脸面的演讲场合，就会永远地避开类似的场合，不再进行演讲活动。然而，丘吉尔没有被这样的失败所击倒，而是把挫败当成了追求成功的动力；找到自己挫败的原因后，进行不懈努力，善始善终地磨炼自己的演讲能力，这也正是丘吉尔高于常人的关键所在。万事开头难，而万事有个圆满的结局更是难上加难。我们大多数人做事都能在开始时雄心勃勃，把开头的事情做得井井有条，可是做来做去没多久，就会因为种种原因产生厌烦心理，以至于越来越粗糙，结果不是半途而废，就是不能有令人满意甚至于不能令自己满意的结局。由此可见，真的是世上无难事，只怕有心人。只有做到善始善终才是人生最大的成功；而人生最大的败笔之一，就是做什么事的时候都半途而废，无功而返。

许多学生或刚刚步入社会的青年，开始做事时，他们的热情高涨，但这股热情很快就会被接踵而来的困难消磨殆尽，或者做事情的三分热乎劲一退，就马上改变了主意，这山望着那山高，于是又放弃原来的计划而开始了新的行动。他们就是这样无休止地做着这样有头无尾的事情，以至于留下无数的“烂摊子”工程。他们永远难以获取成功，因为他们不能把自己的行动和愿望贯彻到底。聪明的猎人不仅跟踪猎物，重要的是他们会最终抓获猎物。伟大的成功者在做事时总是能够在善始的同时更注重善终的结局，他们绝不会在人生的旅途中留下没有美感可言的“半截子”工程。

对于哈佛的毕业生来说，每一个人都懂得善始善终的道理。要做到善始又善终，必须有执着追求、热情如一的精神。老舍先生毕其一生的精力，耐住了寂寞和枯燥研究文学，用自己的执着追求实现了善始善终的精神。鲁迅、巴金等成功的大师们无一不是善始善终的模范。一个人如果在为人和做事上都做到了善始善终，就意味着他必然是生活的强者，也必然能够收获到平静而幸福的人生。同样，一个人如果做人和做事上不具备善始善终的素质，就意味着他是生活的弱者，无论他曾经有过怎样的风光和辉煌，他的人生也将充满悲伤与苦难。

第9章

生活对你的刁难，其实都是祝愿

百糖尝尽方谈甜，百盐尝尽才懂咸

曾听一位教授讲过这样一个故事：

有一天，一位少年求佛者，自觉已看破红尘、放下一切，便历经千辛万苦找到了一个隐于深山之中的寺院，求见方丈想要出家。他觉得只有深山之中的寺院才能真正洗去城市的繁华和浮躁。见了方丈之后，方丈问少年：做和尚要独守孤灯，终身不娶，你能做到吗？少年斩钉截铁地说能。方丈又问：做和尚要每日三餐粗茶淡饭，粗衣薄褂夏热冬寒，你能忍受得了吗？ 少年又斩钉截铁地说能。方丈又问：做和尚要无欲无求、无怨无恨，不问恩情、不记仇恨，无论任何时候都要心如明镜不染尘埃,你能做到吗？少年还是斩钉截铁地说能。方丈又问了少年一些关于佛法方面的东西，少年都能一一作答。但最后方丈还是把少年送走了，在把极度失望的少年临送下山的时候方丈送给少年一句话：未曾拿起莫谈放下，当你真正拿起时，你再回来告诉我你还能不能放得下。

对于少年来说，精彩的人生才刚刚开始，他所经历过的，只是人生的一个短暂的片段，由此就总结自己对待人生的态度，甚至妄谈生死，看破红尘，不免太过偏激。没有经过生活又怎会理解生活的艰辛，没有经过真正的痛苦又怎会懂得选择快乐的角度。

百糖尝尽方谈甜，百盐尝尽才懂咸。当我们笑谈生死时，我们是否真正懂得堪破的意境；当我们妄言快乐时，我们在生活中是否已然背起足够的痛苦？

人生因充满坎坷的历练才变得多姿多彩。也许我们都不欢迎磨难的到来，但当它与你不期而遇时，请不要掉头或转向。磨难是一个魔鬼，一旦它看上你，就会对你穷追猛打，不舍不弃。选择躲避甚至逃跑的人，只会被它欺负得更加悲惨。

凡成大事者，必须经得起磨难的历练，经得起失败的打击，成功需要风风雨雨的洗礼。一个有追求、有抱负的人，总是视挫折为动力。有一句话说得好："能受天磨真铁汉，不遭人嫉是庸才。"所以说：磨难对于天才是一块成功的跳板，对强者是一笔宝贵的财富；而对于弱者，就是使之坚强的臂力器。磨难是一所包罗万象的大学。

曾有人说：成功的人生是痛苦与失败的交织，是磨难与顺利的交替。卓越的人生从卓越的目标开始，卓越目标的背后必然是充满荆棘和坎坷的路。经受了荆棘的刺痛和坎坷的摔打，追求成功的意志才会坚强起来，历练是人生不可多得的宝贵财富，拥有了这笔财富，就没有什么困难不能克服，没有什么曲折可以把人击倒。丰富的人生历练是走向成功的奠基石。

拥有 18 亿元身价的俞敏洪是新东方教育集团的创始人。1980 年，经过两次高考落榜后，俞敏洪考入北京大学外语系。在北大读书，俞敏洪不会吹拉弹唱，不会说普通话，他经常得到的就是老师和同学"白眼"。英语老师评价俞敏洪说："只能听懂俞敏洪三个字，鹦鹉都不如。"这些刺耳的话语令他刻骨铭心。之后，他一天十几个小时地狂听狂背，创纪录地熟练掌握了 8 万个英语单词。

1984 年，俞敏洪留校当了教师，却依然被北大边缘化。六、七年之后，为了赚取出国学费，俞敏洪就到校外的民办外语培训机构教课，被北大发现后受到了严肃的通报批评。他愤然辞职，开始了新东方创业历程。起初，他租用中关村二小的一个小平房，俞敏洪自己拎着糨糊桶，不得不在零下十几度的冬夜到处张贴招生广告。1995 年，新东方急速膨胀发展起来，拓展了业务领域，完成了向现代公司的转变。到年底时，在校学生数已经达到千人的规模。

据公开资料统计，现在每年有近1000万人在接受着新东方的英语培训。2005年9月7日，新东方成功登陆纽约证券交易所，发售了750万股美国存托凭证，一举融资额为1.125亿美元。新东方成了第一家在海外上市的中国教育培训公司，俞敏洪成了有史以来中国最富有的教师。

俞敏洪的成功是历练的结果，其坎坷不平的人生道路造就了俞敏洪不屈不挠的性格，造就了俞敏洪踏实前行的人生之路。他的经历告诉我们，成功的人生必然要接受艰苦的历练。人生旅途道路曲折，有高也有低，有起也有落，挫折是客观存在的。有人说，人生是由幸福和痛苦组成的一串珍珠，谁也无法回避四季的风雨冰霜。逆境只能使成功者受到历练，除此不会有任何伤害。要有一种战胜挫折的信心和勇气，在逆境中锻炼自己的品质，磨砺自己的意志，激发自己的智能，增长自己的才干，显露自己的本色。

曾国藩说："吾平生长进，全在受挫受辱之时，打掉门牙之时多矣，无一不和血一块吞下。"受不了在苦海中历练、经不起挫折考验的人，永无希望、永无前途。

命运赐给我们机遇和幸福，同时也给我们缺憾和苦难，我们没有必要畏缩自卑，更没有必要怨天尤人，用坚强的意志和刚毅的态度对待磨难，用豁达的心态对待生活，就会多一些希望，多几分幸福。

强者越强，弱者越弱

意志坚强的人认为世上无难事，他们越是遭受悲剧和打击，越是表现得坚强。一个拥有坚韧精神的人一定不会怀疑自己是否可能成功，也从来不惧怕失

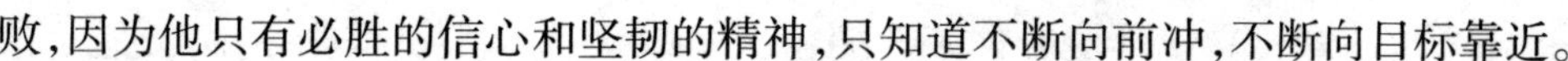

败，因为他只有必胜的信心和坚韧的精神，只知道不断向前冲，不断向目标靠近。

谈及《哈里·波特》，想必每个人都能说上两句。但很少有人知道，这本书的作者 J.K. 罗琳是哈佛大学的荣誉博士。罗琳在接受哈佛大学荣誉博士学位的演讲时说，人们有一个共识：人可以从挫折中变得更聪明更强大，这句话意味着人从此对自己的生存能力有了更好的把握。如果没有苦难来考验你，那么你从来都不会真正懂得自己，懂得你处理各种关系的力量有多大。

对于诸多从哈佛毕业，在人生的道路上开创一番事业的人，他们都深深体会到挫折、苦难对人生的历练。但哈佛人不相信眼泪，也不需要眼泪和抱怨，而需要付出汗水和坚韧。

成功者正是靠着坚忍不拔的品质，使自己从社会的底层走向成功。生活中，幸运只降临在那些具备坚韧精神，为最终胜利孜孜不倦付出的人身上；而缺乏了这种精神的人，哪怕成功近在咫尺，也只会与成功失之交臂。

一个女儿向做厨师的父亲抱怨她的生活，抱怨事事都那么艰难。她的父亲把她带进厨房。他先烧开三锅的水，然后往一只锅里放些胡萝卜，第二只锅里放一只鸡蛋，最后一只锅里放入碾成粉末状的咖啡豆。他将它们浸入开水中煮，一句话也没有说。大约 20 分钟后，他把火关了，把胡萝卜捞出来放入一个碗内，把鸡蛋捞出来放入另一个碗内，然后又把咖啡舀到一个杯子里。做完这些后，他才转过身问女儿，“孩子，你看见什么了？”

“胡萝卜、鸡蛋、咖啡”，女儿回答。父亲让她靠近些并让她用手摸摸胡萝卜。她摸了摸，注意到它们变软了。父亲又让女儿拿一只鸡蛋并打破它。将壳剥掉后，她看到了是只煮熟的鸡蛋。最后，他让她喝了咖啡。品尝到香浓的咖啡，女儿笑了。她怯生生地问道：“父亲，这意味着什么？”

父亲解释说，这三样东西面临同样的逆境——煮沸的开水，但其反应各不相同。胡萝卜入锅之前是强壮的，结实的，毫不示弱；但进入开水之后，它变软了，变弱了。鸡蛋原来是易碎的，它薄薄的外壳保护着它呈液体的内脏；但是经开水一煮，它的内脏变硬了。而粉状咖啡豆则很独特，进入沸水之后，它们倒改变了水。“哪个是你呢？”父亲问女儿。“当逆境找上门来时，你该如何反应？你是胡萝卜，是鸡蛋，还是咖啡豆？”

一个人不可能做什么事都一帆风顺，困难和挫折是在所难免的。但是，我们绝不能在挫折面前被吓倒，而要用理智面对它，冷静地找到战胜它的办法。心理承受能力差的人面对突如其来的挫折，或是后退，或是消极抵抗。只有那些敢于挑战困难，能够审时度势，采取积极进取的态度面对挫折的人，才会成就一番事业。

有这样一个十分生动的故事：

一直有一种动物，人们至今都叫它“狗”。有一只狗的名字叫作“挫折”；挫折是一条狼狗，尖利而凶猛。

古时候，有两个商人，他们多年经商成功，一帆风顺，但都不知道狗是什么样子的。

第一个商人胆子十分小。一天，他在街上看到有人卖“挫折”，就跑去问：“这小东西蛮可爱的，叫什么呀？”卖狗的人说：“它叫‘挫折’，你要吗？”商人迫不及待地回答：“要、要、要！”他付了钱，并要求卖狗的人把“挫折”送到家里去。卖狗的人走了，他上前抚摩挫折，而挫折凶狠地叫了一声：“汪！”吓得他浑身发抖。他以为自己太高，令挫折不满意，便伏下身子爬到挫折面前，刚伸出手要抚摩它，挫折便咬断了他两根手指头，商人跑出房屋，满山坡奔跑，挫折追在后面，商人一慌坠落进河沟。挫折还不依不饶地叫了数声，才离开。商人被救上岸时，差点儿断了气。

另一个商人在路上碰见了挫折，他也不知道它是什么动物，便小心翼翼地上前，想抚摩它那光滑的皮毛，可挫折凶狠地叫了一声：“汪！”还要扑上来撕咬他，勇敢的商人拿起马鞭向它狠狠地抽了两下，它便老实了，从此对商人服服帖帖。

一天，这两个商人一同去庙里进香拜佛，他们要告辞时，商人问老和尚：“老师傅，听说栓在树边的那个小动物叫‘挫折’，它到底是什么动物啊？”老和尚笑了笑，说：“人的一生有很多的挫折，其实，挫折是一条狗！你要怕它，它就凶狠；你要不怕它，它就驯服！”

挫折是一条欺软怕硬的走狗。你越畏惧它，它越威吓你；你越不将它放在眼里，它越对你表示恭顺。

坚强的人，即使是面对再多的失败和挫折，也阻挡不了他前进的脚步。为此，我们要坚信：如果在连续多次跌倒之后，一个人还能充满斗志不言放弃，那他就是一个值得敬佩的人，也是一个定会有所作为的人。

学会忍耐，感谢生活的折磨

哲人告诉我们：生活中那些看似刁难你、折磨你的人，往往能够造就你更快取得成功；看似折磨、煎熬你的环境，却总能历练出最后的强者。因此，在困境中，要懂得忍耐。

对于年轻人来说，当你不愿让命运来主宰你的一切，但又没有扼住命运咽喉的本领时，切记，应当学会忍耐，注重积累。

俗话说：忍字头上一把刀。这把刀让你痛，也会让你痛定思痛。这把刀，可以磨平你的锐气，但也可以雕琢出你的勇气。百忍成钢，当你的心性修炼得有如镜子般明澈、流水般圆润时；当你切切实实生活在不以物喜、不以己悲的宁静中时；当你发觉胸中不断流动着“虽千万人而吾往矣”般的勇气时，历经千锤百炼，你的刀也就炼成了。

忍耐并非懦弱，只因你看得更远，有更大的追求。

新东方总裁俞敏洪在他的博客里讲过一个关于捡砖头的故事。俞敏洪的父亲是个木工，常帮别人建房子，每次建完房子，他都会把别人废弃不要的碎砖瓦捡回来，有时候父亲在路上走，看见路边有砖头或石块，他也会捡起来放在篮子里带回家。

久而久之，家里的院子就多出了一个乱七八糟的砖头碎瓦堆。直到有一天，俞敏洪的父亲在院子一角的小空地上开始左右测量，开沟挖槽，和泥砌墙，用那堆乱砖左拼右凑，建成了一个让全村人都羡慕的院子和猪舍。

当时俞敏洪只觉得父亲一个人就盖了一间房子，很了不起。长大后，俞敏洪才从一块砖头到一堆砖头，最后变成一间小房子中体悟到做成一件事情的全部奥秘。

“一块砖没有什么用，一堆砖也没有什么用，如果你心中没有一个造房子的梦想，拥有天下所有的砖头也是一堆废物；但如果只有造房子的梦想，而没有砖头，梦想也没法实现。”家里穷得揭不开锅的时候，要不急不躁，学会忍耐，要积攒足够的砖头来造心中的房子。捡砖头的精神后来就成为俞敏洪做事的指导思想。

或许你仍在向往一帆风顺，可是，面对现实的曲折的人生，所谓的一帆风顺只能是心灵的一种慰藉。要坚信，唯有奋斗不息才能够成为命运的主人，而在这一步步的努力中，你必须学会忍耐。

罗曼·罗兰曾说：“只有把抱怨别人和环境的心情化为上进的力量，才是成功的保证。”经受别人的考验、提升自身的张力，你才会在人头攒动的人海中脱颖而出。

内托今年刚从学校毕业，在一场招聘会上，他很走运地被一家石油公司看中，随即被总公司分配到一个海上油田工作。

工作的第一天，工头便要求他，要在限定时间内登上几十米高的钻井架，并将一个包装好的漂亮盒子，送到最顶层的主管手中。他拿着盒子，迅速登上又高又窄的舷梯。当他气喘吁吁地登上顶层后，只见主管在盒子上签了自己的名字，又让他送回去给工头。他一接到命令，连忙又快速地跑下舷梯，并把盒子交给工头。但是，没想到工头草草签完名字之后，又原封不动地交给他，要求他再送回去给顶层的主管。年轻人看了看工头，却又不知道要如何发问，只得乖乖地跑上顶层。然而，主管这回同样只在盒子上签名而已，便又要他送回去。

年轻人就这样来来回回，莫名其妙地上下跑了两次，心里隐约感觉到，这一切似乎是主管与工头故意刁难他。直到第三次，这个全身都被海水溅湿的年轻人，内心已经充满熊熊怒火，不过他仍然强忍着怒气。当他第三次将盒子送来给主管时，主管这回则说："把它打开。"年轻人将盒子拆开后，里头居然是一罐咖啡与一罐奶精，这会儿他更可以确定，这是主管与工头联合起来欺负他。他愤怒地看着主管，但是主管仿佛一点也没感觉似的，接着又对他说："去冲杯咖啡吧！"这个命令一下，年轻人再也忍不住了，用力把盒子摔到海面上，气愤地说："我不干了！"说完之后，他感觉痛快许多，因为一肚子的怒火全部发泄出来了！但是，主管失望地摇了摇头，并对他说："孩子，你知道吗，刚刚这一切，其实是一种训练啊！那叫作承受极限的训练，因为我们每天都在海上作业，随时都可能会遇到危险，因此，工作人员都必须要有极强的承受力，才有法子完成海上的作业与任务。"

主管叹了口气说："唉！原本你前面三次都通过了，就差那么一点点，你无缘喝到自己冲泡的好咖啡，真是可惜！现在，你可以走了。"

谚语云："万事皆因忙中错，好人半自苦中来。"要成就一件事情，须观察时机，等待因缘，急不得的。受苦忍耐是一种承担、一种处理、一种等候，也是对因缘法的认识。许多事业有成者都在忍耐多次失败后越挫越勇，最后取得成功。

年轻人幻想一夕有成，不如在艰难困苦当中忍耐，一旦时机成熟，必然水到渠成。宋人苏轼在《留侯论》中说："古之所谓豪杰之士者，必有过人之节，人情有所不能忍者。匹夫见辱，拔剑而起，挺身而斗，此不足为勇也。天下有大勇者，卒然临之而不惊，无故加之而不怒，此其有所挟持者甚大，而其志甚远也。”

忍耐不是逆来顺受，不是消极颓废，也不是在沉默中悄然降下信念的帆。忍耐是当一根火柴燃烧到一半的时候，接受另一半炙热的煎熬。学会忍耐，挺起坚强的脊梁，用快乐和潇洒清扫尘灰般的意志，不论是低迷抑或是高涨，你的人生都将壮美如画。

面对不幸，选择你的态度

我们都知道，当人生的不幸来临时，积极的心态是一个人战胜一切艰难困苦、走向成功的推进器。积极的心态，能够激发我们自身的所有聪明才智；而消极的心态，就像蛛网缠住昆虫的翅膀、脚足一样，会束缚人们才华的光辉。

曾听一位教授在课堂上讲过这样一个故事：

雨后，一只蜘蛛艰难地向墙上已经支离破碎的网爬去，由于墙壁潮湿，它爬到一定的高度，就会掉下来，它一次次地向上爬，一次次地又掉下来……第一个人看到了，他叹了一口气，自言自语：“我的一生不正如这只蜘蛛吗？忙忙碌碌而无所得。”于是，他日渐消沉。第二个人看到了，他说：这只蜘蛛真愚蠢,为什么不从旁边干燥的地方绕一下爬上去？我以后可不能像它那样愚蠢。于是，他变得聪明起来。第三个人看到了，他立刻被蜘蛛屡败屡战的精神感动了。于是，他变得坚强起来。

对待同一样事物，几个人的看法不同是很正常的事。就像人也有两面性一样，问题在于我们自己怎样去审视，怎样去选择。面对太阳，你眼前是一片光

明；背对太阳，你看到的是自己的阴影。

成功和失败之间的区别在于心态的差异：成功者有意亮化积极的一面，失败者总是沉迷消极的一面。心态是个人的选择，有成功心态者处处都能发觉成功的力量。一个人有了积极的心态，成功就变得容易了。

在一个大雪纷飞的午后，一个小男孩趴在窗台上，看到大街上有好几个乞丐由于饥饿寒冷而可怜地蜷缩着，随时可能倒下去永远起不来，不禁泪流满面，悲恸不已。他的祖父见状，连忙把他引到另一个窗口，让他欣赏自家的后花园。只见各种树上挂满了花，一片洁白的世界，让人心旷神怡，小男孩的心情顿时明朗。老人托起小孙子的下巴说："孩子，你开错了窗户。"

拿破仑曾说："人与人之间只有很小的差异，但是这种很小的差异可以造成巨大的差异。很小的差异即积极的心态还是消极的心态，巨大的差异就是成功和失败。"

积极的心态有使人看到希望、保持进取的旺盛斗志。消极心态使人沮丧、失望，限制和扼杀自己的潜能。积极的心态创造人生，消极的心态消耗人生。积极的心态是成功的起点，消极的心态是失败的源泉。选择了积极的心态，就等于选择了成功的希望；选择消极的心态，就注定要走入失败的沼泽。如果你想成功，想把美梦变成现实，就必须摒弃这种扼杀你潜能、摧毁你希望的消极心态。

西部"牛仔大王"李维斯的西部发迹史充满坎坷，充满传奇。他的制胜"法宝"是，每当受到挫折、遭受打击时，绝不抱怨，并且非常兴奋地对自己说：太棒了！这样的事竟然发生在我的身上，又给了我一次成长的机会。凡事的发生，必有其因果，必有助于我。

在困境中要有希望，只要抓住这种希望，并把它当作动力，就能够在困境中崛起。历史上许多伟大人物都是在困境中顽强奋斗并做出成就的。他们的一大优点就是，以乐观的心态直面挫折。历史的道路并非完全在田野中前进，它有时穿过尘埃，有时穿过泥泞，有时横渡沼泽。生活和事业不可能一帆风顺，会遇到各种困难和挫折，只有永远怀有事情还会有转机的乐观心态，才能战胜挫折争取成功。

从前，有两位住在乡下的陶瓷艺人，一位叫鲍勃，另一位叫艾克。他们听说城里人喜欢用陶罐，于是便决定将自己烧制的最好的陶罐卖到城里去。经过十多年的反复试验，他们终于烧制出了他们认为最好的陶罐。当他们幻想着整个城市的人马上就能用上他们的陶罐，而他们也能因此过上富裕的生活时，他们兴奋不已，于是他们雇了一艘轮船，准备将所有陶罐都运到城里去。

没想到，轮船在中途遇到了强烈风暴。等风暴过后，轮船靠岸，陶罐全部成了碎片，他们的富翁梦也随着陶罐一起破碎了。鲍勃提议，先去酒店住上一晚，来一趟城里不容易，不如休息一晚后，明天再在城里四处走走，好好见识见识。而艾克则捶胸顿足地痛哭了一番后，问鲍勃："你还有心思去城里四处走走，难道你就不心疼我们辛辛苦苦烧出来的那些陶罐？"鲍勃心平气和地说："我们失去了那些陶罐，本来就够不幸的了，现在，如果我们还因此而不快乐，那不是更加不幸？"

艾克觉得吉姆的话有道理，于是跟着鲍勃去城里好好地玩了几天。他们意外地发现，城里人用来装饰墙面的东西很像他们烧制陶罐的材料。于是，他们索性将那些陶罐的碎片全部砸碎，做成马赛克出售给城里的建筑工地。结果鲍勃和艾克非但没有因为陶罐的破碎而亏本，反而因为出售马赛克而大赚了一笔。

处于困境中，垂头丧气显然于事无补，我们要做的，除了坦然面对之外，能改变的，只有自己的心。请记住：换种心态看世界，你也许就能够把不幸变为幸福。

学会感恩，改变你的人生态度

这是一个真实的感恩故事。

邹健，1998 年时是清华大学的大二学生。他的志向不仅仅是求学清华，他更想去世界著名学府哈佛深造。然而，命运总会在某个时刻同人开一些不大不小的玩笑。

正当邹健专心求学时，他的父母却双双下岗，父母要供邹健和弟弟两人同时上大学，家庭生活一下陷入了窘境。当时邹健只能一边打工一边读书，十分辛苦。要不是后来唐山市路南区工商分局每月捐助他 400 元，真不知道邹健能不能撑下来。说到儿子求学的艰辛，邹文波很感慨。

1998 年 3 月，时任唐山市路南区工商分局党委副书记陈振旺看到一篇关于一名优秀大学生因家庭贫困、营养不良患病死亡的报道，受到很大触动。通过他的发动，捐助一名贫困优秀大学生的意向很快在路南区工商分局形成。时任路南区工商分局团委书记的王阿莉很快与清华大学取得了联系，清华大学便提供了当时上大二的湖南籍学子邹健的相关情况，路南区工商分局决定每月捐助邹健 400 元，直到他大学毕业。一场跨区域的助学行动拉开了帷幕。

“当时局里的 36 名青年团员每人每月出资 10 元，不够的部分就由工会补上。”一直参与此项捐助活动的王阿莉介绍说。

在唐山市路南区工商分局一场跨区域的捐助下，邹健顺利完成了清华学业。后来圆梦美国哈佛大学。后来，他取得哈佛大学电机工程的博士学位，并在美国纽约的一家金融公司工作。

为回报路南区工商分局的爱心，2006 年 2 月 14 日，邹健的父亲给路南工商分局打来电话，告知邹健从美国特别寄来 4000 美元，他已兑换成人民币 32125.60 元寄给了路南区工商分局。

在哈佛，每一个学子都有一颗感恩的心，这也是哈佛幸福课上经常讲的一个课题。感恩，让他们变得富有，知道了快乐，享受到了温暖；感恩，让我们成熟、让我们完美、让我们目光富有魅力。

感恩是积极向上的思考和谦卑的态度，它是自发性的行为。当一个人懂得感恩时，便会将感恩化作一种充满爱意的行动，实践于生活中。一颗感恩的心，就是一颗和平的种子，因为感恩不是简单的报恩，它是一种责任、自立、自尊和追求一种阳光人生的精神境界！

俗话说："滴水之恩，当涌泉相报。"感恩是一种生活态度，是一个内心独白，是一片肺腑之言，是一份铭心之谢。每个人都应学会"感恩"。

在一个闹饥荒的城市，一个家庭殷实而且心地善良的面包师把城里最穷的几十个孩子聚集到一块，然后拿出一个盛有面包的篮子，对他们说："这个篮子里的面包你们一人一个。在上帝带来好光景以前，你们每天都可以来拿一个面包。"

瞬间，这些饥饿的孩子一窝蜂涌了上来，他们围着篮子推来挤去，大声叫嚷着，谁都想拿到最大的面包。当他们每人都拿到了面包后，竟然没有一个人向这位好心的面包师说声谢谢，就走了。

有一个叫依娃的小女孩却例外，她既没有同大家一起吵闹，也没有与其他人争抢。她只是谦让地站在一步以外，等别的孩子都拿到以后，才把剩在篮子里最小的一个面包拿起来。她并没有急于离去，她向面包师表示了感谢，并亲吻了面包师的手之后才向家走去。

第二天，面包师又把盛面包的篮子放到了孩子们的面前，其他孩子依旧如昨日一样疯抢着，羞怯、可怜的依娃只得到一个比头一天还小一半的面包。当她回家以后，妈妈切开面包，许多崭新、发亮的银币掉了出来。

妈妈惊奇地叫道："立即把钱送回去，一定是面包师揉面的时候不小心揉进去的。赶快去，依娃，赶快去！"当依娃把妈妈的话告诉面包师的时候，面包师面露慈爱地说：“不，我的孩子，这没有错。是我把银币放进小面包里的，我要奖励你。愿你永远保持现在这样一颗平安、感恩的心。回家去吧，告诉你妈妈这些钱是你的了。”她激动地跑回了家，告诉了妈妈这个令人兴奋的消息，这是她的感恩之心得到的回报。

人的本性是自私的，人们往往会牢记自己的付出，却容易忘记别人的好。爱因斯坦说过，“每天我都要无数次地提醒自己，我的内心和外在的生活，都是建立在其他人劳动的基础上。我必须竭尽全力，像我曾经得到的和正在得到的那样，作出同样的贡献。”我们只是个普通的人，不可能像伟人那样对人类有卓越的贡献。但当我们赤裸裸地来到人世，从无知直到长大成人，每时每刻都在享受着大自然、亲朋和无数陌生人给予的一切，我们被爱紧紧围绕着，许许多多人在为我们的成长、我们的生活奉献着、付出着，我们难道不应该永远记住所有人和事，所有爱和恩，为此承担一份感念，珍惜、知足现有的一切吗？

在漫长的人生之路上，风雨和彩虹总是交替出现。有人在幸福的日子里仍不知道满足，只是整天抱怨而不感谢自己拥有的；有人在遭遇挫折的时候，总是怨天尤人，一蹶不振，而不感谢那些帮助过他的人。其实生活中有许多人在注视着我们，无论是我们的朋友还是对手，我们都应该感恩。只要能学会发现、学会感恩，美好的生活就在我们身边。

心理学家们普遍认同这样一个规律：心改变，态度就跟着改变；态度改变，习惯就跟着改变；习惯改变，性格就跟着改变；性格改变，人生就跟着改变。愿感恩的心改变我们的态度，愿诚恳的态度带动我们的习惯，愿良好的习惯升华我们的性格，愿健康的性格塑造我们美丽的人生！

第10章 勇敢走完最艰辛的路，你就能拥抱成功

满怀希望，就不会有绝境

哲人告诉我们：每个人在某个时刻都会面临绝境，但它往往并不是真正的生命绝境，而是一种精神和信念的绝境。只要你的精神不垮，就能在绝望中找到希望之花！

在人生道路上，困难和挫折是难免的，人生的起起落落也无法预料，但是有一点我们一定要牢牢记住：永不绝望。当我们遇到逆境时，千万不要忧郁沮丧，无论发生什么事情，无论你有多么痛苦，都不要整天沉溺于其中无法自拔，不要让痛苦占据你的心灵。困难来临时，我们要有勇气直面困难、打倒困难，以顽强的意志战胜困难。

哲人告诉我们，只要信念还在，希望就在。许多人一陷入困境，就悲观失望，并给自己施加很重的压力，其实，应告诉自己，困境是另一种希望的开始，它往往预示着明天的好运气。因此，你只要放松自己，告诉自己希望是无处不在的，再大的困难也会变得渺小。

“二战”期间，在德国纳粹集中营，德国士兵经常要求英国战俘跟他们踢球。贝鲁姆被俘前是优秀的狙击手，也是技术精湛的前锋。比赛在监狱满是沙砾的场地上进行。与其说是比赛，还不如说是德国纳粹折磨战俘的一种办法。

纳粹不给战俘队员足够的食物，让他们饿得眼冒金星去参加比赛。德国人借此大比分获胜，然后奚落英国人为猪。

但是，圣诞节前的一场比赛发生了意外，震惊了观看那场比赛的人，而其中有德国纳粹的高级官员。贝鲁姆在比赛前吃了狱友积攒下来的黑面包，有了足够的体力去比赛。比赛只进行了三分钟，贝鲁姆就像野马一样顺利打乱德国人的防守，冲入禁区，一脚抽射，首破德国人的大门。最后，德国队仍是大比分获胜了，但是他们“战无不胜”的神话已被一个缺少食物的战俘打破。不久，贝鲁姆被秘密处死。事先，他已经知道会如此。一位英国作家曾经多次提到过这个叫贝鲁姆的人，他说，那场圣诞球赛后，贝鲁姆成为集中营中希望和信念的支柱。

五十多年后，英国的一家体育电台播出了这个故事，结果接到了上千个电话。其中有一位老人是贝鲁姆的战友，他说，自从贝鲁姆进了一球后，他就坚信英国必胜。

魏尔仑说：“希望犹如日光，两者皆以光明取胜。前者是荒芜之心的神圣美梦，后者使泥水浮现耀眼的金光。”

希望给人以坚定的信念，心中没有希望就不会耐心地等待，最美好的希望往往产生于最无望的逆境中。

人一生不可能常处顺境，有时候你会被淘汰出局，只要你继续参加比赛，就有希望存在，总会获得让你满意的成绩。天才未必就能富有，最聪明的人也不一定幸福，想要摆脱人生的困境，你要记住，让希望的阳光照进心田，要努力拯救自己摆脱困境。

古语云：“自助者，天助之。”把别人的帮助当作希望，往往只是一种被动的奢求。外界的帮助使人更加脆弱，自助却使人得到恒久的鼓励。

有一个穷人为农场主做事。有一次，穷人在擦桌子时不小心碰碎了农场主一只十分珍贵的花瓶。

农场主向穷人索赔，穷人哪里能赔得起。最后被逼无奈，穷人只好去教堂向神父讨主意。神父说：“听说有一种能将破碎的花瓶粘起来的技术，你不如去学这种技术，只要将农场主的花瓶粘得完好如初，不就可以了。”

穷人听了直摇头，说：“哪里会有这样神奇的技术？将一个破花瓶粘得完好如初，这是不可能的。”神父说：“这样吧，教堂后面有个石壁，上帝就待在那里，只要你对着石壁大声说话，上帝就会答应你的。”

于是，穷人来到石壁前，对石壁说：“上帝请您帮助我，只要您帮助我，我相信我能将花瓶粘好。”话音刚落，上帝就回答了他：“能将花瓶粘好，能将花瓶粘好……”

穷人听后希望倍增、信心百倍，于是辞别神父，去学粘花瓶的技术去了。

一年以后，这个穷人通过认真的学习和不懈的努力，终于掌握了将破花瓶粘得天衣无缝的本领。他真的将那只破花瓶粘得像没破碎时一般，还给了农场主。所以他要感谢上帝。神父将他领到了那座石壁前，笑着说：“你不用感谢上帝，你要感谢就感谢你自己。其实这里根本就没有上帝，这块石壁只不过是块回音壁，你所听到的上帝的声音，其实就是你自己的声音。你就是你自己的上帝。”

年轻人在身处困境时，要记住，没有人能解救你，只有自己能拯救自己。其实每个人都有拯救自己的能力，许多人走不出人生或大或小的各种阴影，是因为他们没有耐心找准一个方向坚持走下去，直到眼前出现新的洞天。

成功没有捷径，只有走完最艰辛的路

从哈佛毕业的名人数不胜数，大多是科学家、企业家和政界人士。殊不知，第一个现代奥运冠军与哈佛大学也有着千丝万缕的联系。他就是詹姆斯·康纳利。

1896 年 4 月 6 日，现代奥运史上的第一个世界冠军诞生了，他就是来自

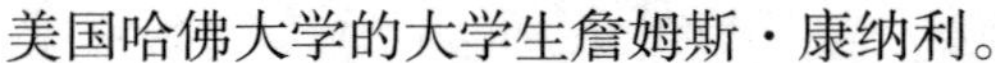

美国哈佛大学的大学生詹姆斯·康纳利。

康纳利 1895 年被哈佛大学录取，学习古典文学。在学校时，他已经是当时全美三级跳远冠军了。听说奥运会即将在雅典举行，他便向学校请 8 周假前去参赛，但学校拒绝了他的要求。康纳利执意要到奥运会上一试身手，于是他离开了哈佛，自己争取到参加奥运会的资格，成为有 11 人组成的美国代表团的成员之一。

与他一同前去的其他美国同伴都是波士顿体育协会麾下的运动员，参赛是免费的。而康纳利太穷了，他享受不到这种待遇。他这次参赛是在一家很小的体育协会的赞助下才成行的。由于资金紧张，他花掉了自己仅有的 700 美元的积蓄，才登上了德国德福达号货船。

就在启航的前两天，他伤了后背，几乎毁了他的全部计划。幸运的是，在从纽约到那不勒斯的 17 天航行中，他的伤痊愈了。但是刚下船，他的钱包又被人偷走了。这还不算，更为糟糕的事接踵而来：因为希腊历制和西方历制不同，比赛在他们到达的第二天就开始了，而不是他们原以为的 12 天之后；而对他更为不利的是，他的三级跳远项目的起跳要求是单足跳、单足跳、起跳，而不是他从小练习的传统跳法单足跳、跨步、起跳。

4 月 6 日下午，三级跳远比赛开始了。在其他运动员跳完之后，康纳利最后一个出场。他走到沙坑前，把帽子扔到了一个别的运动员跳不到的位置上，大声呼喊自己要跳到帽子那里去。他在跑道上加速，按照新的规则，先两个单足跳，然后起跳，最后落在比他的帽子更远的地方，跳出了 13.71 米的好成绩，成为当之无愧的现代奥运史上的第一个冠军。

1949 年，哈佛大学试图与他和解，并授予他博士学位。

并不是每个人都能在逆境中坚持自己的决定。面临着参加奥运会就要离开学校，且是自己自费参赛的严峻考验，詹姆斯·康纳利坚持自己的想法，最终博得了胜利。正如一位哲人所言：成功者大都起始于不好的环境并经历许多令人心碎的挣扎和奋斗。他们生命的转折点通常都是在危急时刻才降临。经历了这些沧桑之后，他们才具有了更健全的人格和更强大的力量。

哈佛人从来都不会因为暂时的逆境而放弃拼搏，他们这样勉励自己："我要振作精神，跟命运搏斗，我要把痛苦化为力量，设法有所建树。"

人们驾驭生活的能力，是从困境生活中磨砺出来的。和世间任何事情一样，苦难也具有两面性。一方面它是障碍，要排除它必须花费更多的力量和时间；另一方面它又是一种肥料，在解决它的过程中能够使人更好地锻炼提高。

很久很久以前，有一个养蚌人，他想培育一颗世界上最大、最美的珍珠。

他去大海的沙滩上挑选沙粒，并且一粒一粒地问它们，愿不愿意变成珍珠。那些被问的沙粒，一粒一粒都摇头说不愿意。养蚌人从清晨问到黄昏，得到的都是同样的结果，他快要绝望了。

就在这时，有一粒沙子答应了。因为，它一直想成为一颗珍珠。

旁边的沙粒都嘲笑它，说它太傻，去蚌壳里住，远离亲人朋友，见不到阳光、雨露、明月、清风，甚至还缺少空气，只能与黑暗、潮湿、寒冷、孤寂为伍，多么不值得！

那粒沙子还是无怨无悔地随养蚌人去了。

斗转星移，几年过去了，那粒沙子已经长成了一颗晶莹剔透、价值连城的珍珠，而曾经嘲笑它的那些伙伴们，有的依然是海滩上平凡的沙粒，有的已化为尘埃。

如果说这世上有"点石成金术"的话，那就是"艰辛"。你忍耐着，坚持着，当走完黑暗与苦难的隧道之后，就会惊讶地发现，平凡如沙子的你，不知不觉中已长成了一颗珍珠。

每一个年轻人都要记住：逆境总是吞噬意志薄弱的失败者，而常常造就毅力超群的事业成功者。逆境是魔鬼，它夺走了你的光明；逆境也是天使，它是一座深不可测的宝藏。要在逆境中赶走魔鬼、拥抱天使，最重要的美德就是坚韧。

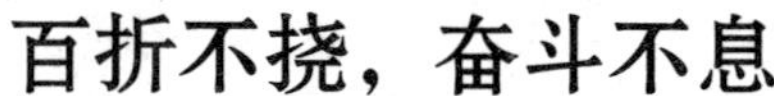

百折不挠，奋斗不息

哲人告诉生活中的我们，人生之路犹如百流入海一样，不会是一帆风顺、一路坦荡的，总是要经历风风雨雨，坎坎坷坷。那些成功的人在面对人生低谷的时候，总是能够心底坦然，不屈服于挫折，而是勇于做一个承受痛苦、奋斗不息的人，以百折不挠的精神，继续奋力前行。

一位教授在课堂上经常引用著名哲学家苏格拉底的名言：这个世界上有两种人，一种是快乐的猪，另一种是痛苦的人。意思就是说这个世界上有许多人，他的人生就希望享受，有一天过一天，今朝有酒今朝醉。但是渴望成功的每一个人都必须作好痛苦的准备，要获得幸福，获得快乐，没有痛苦的思想准备是很难实现的。

很多人做事都是虎头蛇尾，还有看到失败的迹象便立刻退却的倾向。要知道，人可以被打败，但不可以被打倒。只要你心中有光，即使失败一百次，你同样可以一百零一次站起来，把苦涩的微笑留给昨日，用不屈的毅力和信念赢得未来。因为很多时候击败我们的不是别人，而是我们对自己失去信心，熄灭了心中的希望之光。

约翰・库缇斯是澳大利亚人，他天生严重残疾，骶骨没有正常发育，出生时双腿像青蛙般细小。连医生都被他生命最初的这个形态吓住了，医生给了约翰的父亲一个残酷的预言，他最多也活不过一年。可是，35 年后，他仍然自由自在地做着他想做的事。约翰・库缇斯用百折不挠的精神创造了生命史上的奇迹。

不难想象，天生的残疾注定了约翰・库缇斯要经受许多磨难，他说他能生存下来的原因就在于他敢于面对现实，主动迎击生活。他坚定地说：“一个人一旦确定了自己的目标，就要去努力实现它。不要怕失败。1000 次摔倒，可以 1001 次站起来。摔倒多少次也不要退缩。”

约翰学会了用手走路，摔倒一次又一次后，他又成了一个滑板高手。他还学会了开车并考取了驾照；学会了潜水、游泳，拿到了澳大利亚残疾人网球赛的冠军和全国举重亚军……

他梦想当演说家：“我要在 10 年内成为历史上最伟大的演说家。”现在，世界上至少已有超过 350 万的观众听过他的演讲。2004 年是约翰的“中国年”，他在 15 个省市作巡回演讲。他说，“如果我可以做到，你为什么不能做到？”

1999 年，约翰在巡回演讲途中被查出又患了癌症。可是约翰不信，他开始阅读关于癌症的资料，并积极配合医生的手术和治疗。果然，奇迹再次发生了，2000 年 5 月，他被正式列入癌症痊愈者行列。

百折不挠，勇往直前是约翰战胜一个个磨难的利器，这种精神是取得成功的基础。没有这种精神，再强悍的人也不能体会到成功的喜悦，而只有羡慕别人的成功，只能慨叹自己命不如人。

库雷曾说：“许多年轻人的失败都可以归咎于缺乏百折不挠、永不放弃的战斗精神。”的确，大多数年轻人颇具才华，具备成就事业的种种能力，但他们的致命弱点是缺乏百折不挠的精神，往往一遇到微不足道的困难与阻力，就立刻裹足不前，没有韧性，遇硬就回，遇难就退，遇险就逃。因此，终其一生，他们只能从事一些平庸的工作。

一个人跌倒并不可怕，可怕的是跌倒之后爬不起来，尤其是在多次跌倒以后失去了继续前进的信心和勇气。不管经历多少不幸和挫折，内心依然要火热、镇定和自信，以屡败屡战和永不放弃的精神去对付挫折和困境。

1832 年，亚伯拉罕·林肯失业了，这显然使他很伤心，但他下决心要当政治家，当州议员，糟糕的是他竞选也失败了。在一年里遭受两次打击，这对他来说无疑是痛苦的。他着手自己开办企业，可一年不到，这家企业又倒闭了。在以后的 17 年间，他不得不为偿还企业倒闭时所欠的债务而到处奔波，历尽

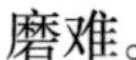

磨难。

1835 年，林肯订婚了，但离结婚还差几个月的时候，未婚妻不幸去世。这对他精神上的打击实在太大了，他心力交瘁，数月卧床不起。1838 年他觉得身体状况良好，于是决定竞选州议会议长，可他又失败了。1843 年，他又竞选美国国会议员，但这次仍然没有成功。

林肯虽然一次次地尝试，却一次次地遭受失败：企业倒闭、情人去世、竞选败北。但他没有放弃。1848 年，他又一次参加竞选国会议员，但结果很遗憾，他落选了。因为这次竞选他赔了一大笔钱。他申请当本州的土地官员，但州政府把他的申请退了回来，上面指出："做本州的土地官员要求有卓越的才能和超常的智力，你的申请未能满足这些要求。"

然而，林肯没有服输，1854 年，他竞选参议员，但失败了；两年后他竞选美国副总统提名，结果被对手击败；又过了两年，他再一次竞选参议员，还是失败了。

在林肯大半生的奋斗和进取中，有九次失败，只有三次成功，而第三次成功就是当选为美国的第十六届总统。

屡次的失败并没有动摇林肯坚定的信念，而是起到了激励和鞭策的作用。面对失败，林肯没有退却、没有逃跑，而是始终以充分的信心向命运挑战，所以迎来了辉煌的人生。

以顽强的毅力和百折不挠的奋斗精神去迎接生活的挑战，你才能够免遭淘汰。上苍能在无意中夺去你的视力，也可以在不觉中毁掉你的手臂，但只要你能充满信心地与命运进行搏斗，你就能战胜一切困难和障碍。要知道，蒙灰的黄金，要经过时间的流逝和风雨的打击，才会发出耀眼的光芒。

面对人生，选择适合你的那条路

我们都知道，每个人都有属于自己的成功之路，这就像每个人都要穿属于自己的、尺码合适的鞋子一样简单，但首先，你要学会挑选鞋子。

在成功的道路上，工作是我们的第一站。工作是一把双刃剑，它可以塑造你完美的品格和素质，同时也能毁了你一生的光明前景。所以，在选择工作时要格外慎重。同时，你也应知道，适合别人的工作，不一定适合你；别人走过的成功的道路，你走上去也不一定就一路坦途。但人们在作出判断的时候，往往不能考虑得很长远和全面。这就像有人问你：如果你看到一个杀人犯杀了人，他在短时期内仍然平安无事，没有受到法律的制裁，那你也去跟着杀人吗？你当然不会。在被问及这个问题时，多数人会清醒地如是说。但有些事情或选择往往并不是这么清晰和容易作出判断，而这些判断或选择的利弊多数情况下并不会立即显现出来，真正到了结果产生的时候，你才发现它毁了你的一生。

王强和李瑞是两个很好的朋友，他们一起从家乡偏远的小城镇考到了北京数一数二名牌大学的物理系。在高中时代，王强的成绩明显地胜过李瑞一筹，但这种现象在大学时期并不是很突出。在四季的更替中，四年的大学生活很快就结束了，李瑞由于善于交往，有着不错的人际关系，毕业后落脚在北京，还捞到了一个北京户口。而王强则不巧在毕业前夕准备考研时病倒了，考研及毕业联系就业单位的事情全耽误了。随后他一路不顺，在北京尝试到几家公司去应聘，均遭到失败。最后，他回到了老家的啤酒厂就职。他在大学学的是物理专业，回到家乡，起初的时候哪个单位也不愿意接收他，对于一个名牌大学的高才生来说，家乡这个小地方根本就容不下他，没有合适他的单位。他游荡了很长一段时间后，在镇政府召开的大学生分配工作会议上，大家讨论他的去向问题时，各个单位的领导都表现得很为难，表示接受他困难重重，最后啤酒厂的领导说：我们总不能让名牌大学的高才生长时间待业在家吧，我们厂新引进了两台电脑控制机，没有懂得操作和维修的人，要不让他来我们啤酒厂吧。就这样，王强去了啤酒厂上班。

在刚开始时，王强对于工作很不适应，这里的人也与他格格不入。他仍然抱有考研的志向，并坚持学习着。但离下次研究生考试还有近一年的时间，他在这漫长的等待中煎熬着。

时间的车轮沉重缓慢地碾碎了许多人的梦想。在接连收到单位发放的还算不错的工资和奖金后，王强似乎觉得有些满足了，他渐渐地适应了小镇的环境和单位的境况，而且学会了揩油，时不时也能尝到在这里工作的甜头。后来，考研的话越来越少地被他提起，他似乎开始享受这种不愁吃喝的生活。没多久，有人开始给他做媒，单位也决定给他分房，涨工资……

就这样，一晃十多年过去了，他依旧在啤酒厂工作着，心甘情愿地过这种看似“安逸”的生活。只不过，在每年的同学聚会的日子来临的时候，他总是接到邀请，他总是借口推托不去，一年、两年、三年……在每年的同学聚会上，虽然他不露面，但大家经常提起他，问到他的境况。李瑞虽然知道他的境况，但也谎称不祥。当年名牌学校的大学生，物理系的佼佼者，如今却不敢抛头露面，真是让人心寒。

王强在啤酒厂虽然衣食无忧，但自己的专业和所从事的工作不对口，不能占据核心环节，所以在这里的发展非常受到限制。他也想过再换个单位，到大城市去闯荡，可他的简历表上的年龄和工作经历让他没有自信。而现如今，那些当年条件不如他的人，许多都当上了经理或老板，真是造化弄人啊！

人总有得志和失意的时候，特别是刚出来工作的毕业生，面对就业岗位的紧张和强大的工作压力，许多人在获得一份工作时就想把它稳稳地抓牢。起初的时候，人们都有“积累经验，谋求霸业”的心态，但在现实的一些小小的利益和甜头面前，许多人都选择了坐在原地品尝这些甜头，而不想未来与梦想是怎么一回事。

从前，楚国有一个人，一双鞋子穿了很久，已经破烂不堪了，十个脚趾都已经全露出来了。他来到一家鞋店前，花光了身上所有的钱刚好够买一双还算漂亮的鞋子。于是他没舍得穿，欣喜地带着它回到了家中，一番“沐浴更衣”之后，他才兴冲冲地把鞋子放在床上，想穿上。谁知他的脚比鞋子大出一厘米长，怎么也穿不上去，这可把他急坏了。在抓耳挠腮之际，他忽然计上心头，“脚如果小一点，不就能穿上去了吗？”于是他取来菜刀，量好一厘米的距离，用菜刀狠狠地砍了下去。顿时，鲜血喷涌，他在一阵撕心裂肺的大叫之后，流血过多，昏了过去，最终就这样死去了。

“削足适履”这个成语，比喻的就是不合理地迁就和凑合。也许有人会说，哪有那么傻的人啊？现在社会也许没有砍脚趾来适应鞋子大小的人了，但跌进“削足适履”的监牢里的人仍大有人在，看看第一个故事里面的王强，他不就是这样的人吗？不合理地迁就和凑合自己的生存环境，最终浪费了自己的优势，消磨了自己的志向。

如果说把一个有着小环境、适当的待遇和揩油的机会的单位比作一双既定尺码的鞋，我们就会很容易发现，那些为了这些蝇头小利不思进取，不求改变，只是不断削减自己的理想高度和才华，以求适应而生存的人，就正在干着削足适履的事。

每个人有自己的脚码，而鞋子的脚码也很多，总归会有一个是正好适合你的。有些人也许因为幸运，一开始就挑选到了合适的尺码的鞋子，而大多数人都是通过反复的比较、挑选、试穿才最终找到一个无限接近合适的鞋子。你现在的鞋子，是否适合自己，只有你自己知道；一个单位是否如你所愿、是否有利于你施展才华，也只有你自己最清楚。如果现在的这双鞋子顶脚，你有什么理由让自己凑合呢？有些事情，该坚持的时候要坚持，但千万不能盲目地委屈自己。赶快低头看看自己的鞋子，是不是在往外淌血？

第11章

是机遇还是诱惑，我们要有自己的判断力

机会只青睐于那些勤奋工作的人

我们都知道，人是机遇的产物，在评价一个人的能力以及他的成就时，我们不能忽略机遇的重要性。有些时刻比几年都要重要，在时间的重要性和价值之间没有均衡。一个出乎意料的5分钟就可能决定了一个人一生的命运。

古往今来，人们都很看重机遇。但是，机遇只是一种可能，一个必要条件，也就是说，有了机遇并不一定就会成功。面对同样的机遇，不同的人有不同的表现和结局，区别在于能否抓住机遇。法国科学家巴斯德有句名言：“机遇只偏爱那些有准备的头脑。”我们只有平时刻苦勤奋，积累丰富的知识和经验，才能抓住它并能充分利用它。有些人空叹机遇难求，可见他们平时脑子里空空如也，再好的机遇也只能让它悄悄溜过。

在很多教授的课堂上，奥尔·布尔的一件轶事被作为很好的教学素材使用。

这位杰出的小提琴家，多年以来一直坚持不懈地练习拉琴。通过不断的练习，他的技艺早已成熟到后来他出名时的那个程度了，但他始终还是默默无闻，不为大众所知。

一次，当这个来自挪威的年轻乐手正在演奏的时候，著名女歌手玛丽·布朗恰巧从窗外经过。奥尔·布尔的演奏使她如醉如痴，她从来没有想到小提琴能够演奏出如此优美动人的音乐，她赶紧询问了这个不知名乐手的姓名。随后不久，在一次影响力极大的演出中，由于她突然与剧场经理发生了分歧，不得不临时取消了自己的节目。在安排人到前台去救场时，她想到了奥尔·布尔。面对聚集起来的大批观众，奥尔·布尔演奏了一个多小时，就是这一个多小时，使奥尔·布尔登上了世界音乐殿堂的巅峰。对于奥尔·布尔而言，那一个小时便是机遇，只不过，他早已为此作好了准备。

人的一生有很多时候都是平淡的，需要你在忍耐中提炼自己的纯度，在等待中增强自己的张力。我们每个人的一生中，都会有很多机会。在机会没有来临时，要耐心等待。屠格涅夫说：“等待的方法有两种，一种是什么事也不做地空等；另一种是一边等，一边把事情向前推动。”也就是说，在机遇还没有来临时，就应事事用心，事事尽力，要准备得更加充分，要准备得有能力抓住和运用机会。

清代书画家郑板桥说他是“四十年来画竹枝，日间挥写夜间思。冗繁削尽留清瘦，画到生时是熟时。”正是因为有了几十年的生活积累和艺术积累，他才能在商业和艺术都相当繁荣的扬州声名鹊起,成为“诗书画三绝”的一代大师。

我们正处于一个充满机遇的时代，机遇经常出现在我们身边。智者能发现它、利用它走向成功，愚人却往往错过它，只知抱怨命运不公，其原因就在于机遇之门只为有准备的人敞开，有准备的人才能辨识和把握机遇。

李斯·布朗和他的双胞胎兄弟出生在迈阿密附近的一个穷苦之家。因为李斯很好动，说话口齿不清但又说个不停，因此从小学到中学，李斯就被编到专为有学习障碍学生所设的特教班。毕业后，他就在迈阿密海滩担任清洁工，但他梦想成为播音员。

晚上，李斯会把晶体管收音机抱上床，收听当地播音员的演播。他的房间很小，塑胶地板也残破不堪，但他在里面创造了一个想象的电台。当他练习嚼舌根把唱片介绍给假想的听众时，梳子就被用来当作麦克风。

李斯长大后，终于争取到到电台工作的机会，当然，他只是做一个打杂的小工。

在电台里，人家叫李斯做什么，他就做什么，甚至做得更多。和播音员混在一起时，李斯就学他们在控制板上的手势，李斯待在控制室里尽可能地吸收他所能看到的，直到播音员要他离开。然后到晚上在他自己的卧室里时，他就反复练习，为他深信会出现的机会作万全的准备。

一个周末下午，一个叫洛可的播音员喝多了酒，无法完成他的播音节目了。一时间，经理找不到其他人选，只好问李斯："小伙子，你知道如何操作录音室的控制装置吗？"

李斯飞跑进录音室，轻轻地把洛可移到旁边，然后就坐在播音台前。他已经准备好了，而且跃跃欲试，他打开麦克风的开关，开始了他的第一次广播。

这次的表现显示李斯已经到了炉火纯青的境界，他让听众和他的经理刮目相看，从这次命中注定的好运开始，李斯相继在广播、政治、公共演说及电视方面缔造了成功的播音典范。

成功的秘密在于，当机遇来临的时候，你已经作好了把握住它的准备。对于那些懒惰者来说，再好的机遇，也是一文不值；对于那些没有作好准备的人来说，再大的机遇，也只会彰显他的无能和丑陋，使他变得荒唐可笑。

如果你是一粒沙子，有谁能在沙堆中发现你？如果你是一个金色的珠子，人们会很容易在沙堆中找到你。当自己还没有成为一个金色的珠子时，一切的抱怨都是不实际的。

或许你身为学生，或许你刚刚步入工作岗位，当你肩膀还太稚嫩，某些方面的条件还不具备时，只要懂得不断学习，不断地提高素质，相信一定会适应社会的要求，把握一定的机遇，"大鹏一日同风起，扶摇直上九万里"，做出一番引人注目的辉煌成绩。

机遇和陷阱，如影随形

一位成功学教授说，辨别机遇与陷进，是人一生都在学习的一个课程。机遇可能只敲一次门，诱惑总是按着门铃不放。

机遇是每一个人都渴望得到的，有些人甚至把自己成功与否完全下注于自己能否踩住机遇的尾巴。殊不知，机遇与诱惑、风险往往是并存的。聪明的头脑就像是一个筛选安全机遇的漏斗，它会让你在通向成功的道路上，留下自己坚实的脚印，同时，把那些戴着虚伪面具的、想要蚕食你前程的机遇摒弃。

哲人说："坐享暴利的事是不存在的，风险和机遇总是成正比的。最重要的不是决定做什么，而是决定不做什么。以过于饥渴的心态去抓机遇，抓住的有可能只是一场诱惑。"这句话对于极度渴望得到机遇恩赐的人来说，可谓是警示箴言，有着无穷的现实指导意义。

曾在哈佛的校园里听到这样一个故事：

1931 年，哈默从苏联回到美国。此时，这位未来美国大富豪商业王国的构造刚刚开始。

这一年，富兰克林 · 罗斯福即将登上美国总统的宝座。精通政治、具有聪明头脑的哈默通过深入研究，认定一旦罗斯福掌权，1920 年公布的禁酒令就会被废除。哈默进而想到，到那时，威士忌和啤酒的生产量将会十分惊人，市场上将需要大量的酒桶用以装酒。这一想法在哈默的头脑中不断显现，他知道，机遇来临了。对于自己，这真的是一个十足的机遇。

因为，哈默知道，这种酒桶并非一般木材可以制作，非用经过特殊处理的白橡木不可。哈默在苏联生活多年，知道那里有白橡木出口。于是，他又去了苏联，凭着他的老关系，订购了几船白橡木板运到美国。他在纽约码头附近设立了一间临时的酒桶加工厂，作为应急的储备。

后来，他又在新泽西州建造了一个现代化的酒桶加工厂，取名哈默酒桶厂。

当哈默做这些事时，“禁酒令”尚未解除；当哈默的酒桶源源不断地从生产线上滚出来时，禁酒令被解除了。人们对威士忌的需求急剧上升，各酒厂的生产量随之也直线上升，但成问题的是需要大批酒桶。此时，哈默早已给酒厂准备好了大量酒桶。生产酒的厂家有许多，而大规模生产酒桶的工厂却“只此一家，别无分店”，所以哈默制造酒桶获得的利润大大超过了酒厂。

只凭借自己的一个猜想，一个凭空推测的想法，哈默抓住了机遇，获得了巨大的成功。有经济学家分析说：哈默抓住了只属于他自己的机遇，即便他不做，这个机遇也只会属于和哈默一样的人。不仅因为他们有胆识，更重要的是他们看清了机遇的真实嘴脸。

从西点军校毕业的麦克阿瑟将军说过：“召集军队上战场的军号声对于军人来说，就是一种机会。但是，这嘹亮的军号声，绝不会使军人勇敢起来，也不会帮助他们赢得战争，机会还得靠他们自己来把握。”促使一个人抓住成就他一生的那个机遇并走向成功的，正是他的个性、他的个人能力。

但哈佛教授提醒我们，过于乐观地看待机遇，缺乏理智的思考，机遇就会变成诱惑的嘴脸。

和德的创始人毕福君，20 世纪 80 年代初在部队服役时开始承包养虾场，后来做虾产品加工和出口，再做饲料鱼粉进口生意。天时地利人和，到 1993 年，他就有了 3 个亿的资产。

他接着扩张鱼粉生意，以低价打开市场，又是几年下来，竟做成了“饲料大亨”，销量每年都以将近一倍的速度翻升。到 1998 年，和德已经成为世界上公司进出口鱼粉贸易量最大的企业，在国内饲料的销售中所占的份额也达到了 85% 的垄断地位。

此时，他的资产达到 30 个亿。

和德在最鼎盛的时期曾经一个月就到账 3.6 亿元的现金汇票，全年的现金流量达到几十个亿，用他们自己的话来说，最发愁的事情是每天这么多的钱存在哪里。

钱多了就不再是钱，必须投资。当时投资的热点是高科技，高科技是时代的最大机遇。

从 1996 年开始，毕福君开始接触网络，言必称网络，开口就是比尔·盖茨。不久，机会来了，毕福君想尽种种办法接触到国嘉实业，1997 年 11 月，和德集团斥资 1 个多亿，以第一大股东的身份入主国嘉实业。借壳上市，梦想成真，一个传统的饲料进出口企业，摇身一变，成了高科技信息产业，全面向互联网技术开发和电子商务进军。

遗憾的是，高科技的概念虽然时髦，但任何生意的实质都是要赚钱的，毕福君并没有从高科技身上找到赚钱的路子。

钱没赚到，开支却俱增。既然做了高科技，就要像个高科技，没有形象是不行的。公司搬到了北京最昂贵的地段王府井，新东安大厦一租就是 5000 平方米。高薪招聘，广告轰炸，凡是当时流行的烧钱方法，他都试了，结果都是赔钱买吆喝。

赚钱还得靠鱼粉，而此时的鱼粉已不是重要的事情，心不在焉，自然每况愈下，赚来的一点利润远远不够填补“高科技”的亏空。他屡屡从“鱼粉”抽血，最后终于连鱼粉生意本身也难以为继。和德彻底地垮掉了。

毕福君，从白手起家到赚足 1000 万，花了近十年；从 1000 万到 3 亿，花了三四年；从 3 亿到 30 亿，仅用了四五年。然而，从 30 亿到一文不名，其间只有两三年！

一个人做事，首先要有一个长远规划，站得高，才能看得远；没有长远计划，想干什么就干什么，很可能会落个行囊空空、一事无成。年轻人时时刻刻都在渴望机遇，但机遇和陷阱常常穿着类似的外衣，随时检验着一个人的眼光和判断能力。

哲人说，机遇可能只敲一次门，诱惑总是按着门铃不放。在面对成功的期盼和机遇的诱惑时，我们要拥有聪明的头脑，其中的知识和阅历可以使我们将机遇与一些投机活动区分开，头脑中的理智会让你对于危险的诱惑敬而远之。

没有个性，就没有自己的方向

在中国，很多学生、家长、老师对哈佛大学都十分向往。但一想到远在美国，又是那么难以报考成功，很多人也就随之泄气了。

“哈佛大学没有你们想象得那么遥远。”贺海琨这样说，他曾是哈佛中美国际交流机构的兼职工作人员。从 2006 年起，哈佛大学中美国际交流机构开始每年从全国各地申请者中选出 300 名高中生，参加每年暑期在上海举行的为期 9 天的“中美学生领袖峰会（HSYLC）”，这是哈佛相关机构在亚洲地区举办的规模最大的以当地高中生为主体的活动。

在一次峰会上，一位教授给学生们出了这样一道题：

如果给你一个“xi”，让你写篇作文，你知道怎么写吗?

“这怎么写啊，谁知道是啥意思？”这样的题目，现场的中学生都没见过。大家一片愕然。

后来，一位志愿者解释道：“这不是开玩笑，这道题完全不同于我们的高考题的作文，是去年申请 HSYLC 的一道题目。”这一个音节的四种声调都可以形成寓意丰富的汉字，“西”“习”“喜”等，既考察了学生的选择能力，也考察了学生从汉语拼音到汉语的理解力，一直到文化底蕴等各方面的知识。

“去年一个申请者以‘玺’为题，写了对中国古文化的认识，就得到了高分。”“我们要的不是成绩好的学生，我们选拔的是有特点的学生。”贺海琨

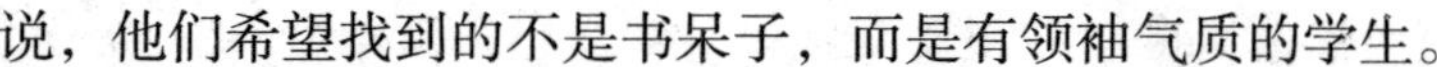

说，他们希望找到的不是书呆子，而是有领袖气质的学生。

贺海琨接着说，“个性”是被哈佛大学最为看重的品质，只要你足够有特点，哪怕你没有那么高的分数，也同样能被录取。

让·保尔说，“没有个性，人类的伟大就不存在了。”个性这个概念源于拉丁语，据说，当时是指演员在舞台上戴的面具，与我们今天戏剧舞台上不同角色的脸谱相类似。后来心理学借用这个术语，用来说明每个人在人生舞台上各自扮演的角色及其不同于他人的精神面貌。

可见，个性是属于每个人的独一无二的东西。个性贯穿着人的一生，影响着人的一生。

蜚声世界影坛的意大利著名电影明星索菲亚·罗兰的成名经历十分传奇。她在 16 岁的时候，怀着成为电影明星的梦想，只身来到了罗马，没想到，她第一次试镜就失败了，所有的摄影师见了她，都连连摇头，说她达不到美人的标准，都抱怨她的鼻子和臀部不完美。

导演卡洛·庞蒂把罗兰叫到办公室，建议她把臀部削减一点儿，把鼻子缩短一点儿。言外之意，导演还是想用她做演员。一般情况下，许多演员都对导演言听计从。何况，导演并没有拒绝她，更何况，罗兰正做着明星梦呢！可是，罗兰年纪虽小，却非常自信，她毫不迟疑地拒绝了导演的要求。她说：“我要保持我的本色，我不愿意作任何改变。”正是由于罗兰的坚持，使导演卡洛·庞蒂重新审视她，并真正认识了索菲亚·罗兰，开始了解她、欣赏她。

罗兰没有对摄影师们和导演的话言听计从，没有为迎合别人而放弃自信，这使她得以充分展示自己与众不同的美。而且，她的独特的外貌和热情、开朗、奔放的气质，得到了人们的喜爱。后来，她主演的《两妇人》获得巨大成功，并因此而荣获奥斯卡最佳女演员金像奖。

当索菲娅·罗兰获得了成功之后，她在自传中写道：“自我开始从影起，我就按照自己的想法行事，我谁也不模仿，也从不去奴隶似的跟着时尚走。我有自己的想法，也有自己的判断，我只要求我就像我自己。”

菲娅·罗兰依从自己的个性，有了充分的自信，在坚持想法、做最好的自己的过程中，一步步成就了今日的辉煌。

哲人说，一个香炉一个磬，一个人一个性，任何种子都有自己的季节，每条河都有自己的方向。

一个人要想成功，要有异于常人的智慧和思想，也就是说要有个性。屠格洛夫说：“一个人的个性应该像岩石一样坚固，因为所有的东西都建筑在它上面。”一个人没有了个性，就等于失去了自己。画家的个性挥洒在作品的线条里；诗人的个性倾注在诗歌的感情里；音乐家的个性融入作品的旋律里。

要知道，你在这个世界上是个唯一这样的人，你应该为这一点而庆幸，应该尽量利用大自然所赋予你的一切。你只能唱你自己的歌，你只能画你自己的画，你只能做一个由你的经验、你的环境和你的家庭所造成的你。不论好与坏，你都得自己创造一个自己的花园；不论是好是坏，你都得在生命的交响乐中，演奏你自己的小乐器。

人的个性倾向性中所包含的需要、动机和理想、信念、世界观，指引着人生的方向、人生的目标和人生的道路；正是人的个性特征中所包含的气质、性格、兴趣和能力，影响着和决定着人生的风貌、人生的事业和人生的命运。

保持自身的个性是每一个哈佛学子内心的呼声，狭隘的人总想扼杀别人的个性，软弱的人随意改变自己的个性，坚强的人自然袒露真实的个性，成功者则保持自己独特的个性，让我们做最真实的、独一无二的自己。

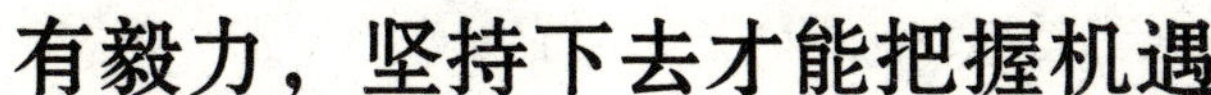

有毅力，坚持下去才能把握机遇

任何一种策略，只有坚持才会有价值。也只有坚持到底的人，才能经受机遇的层层筛选，并最终获得它的垂青。

坚持是机遇的种子，年轻人在求学和创业的道路上，在经过各种权衡比较之后，你要充分调动起自身的能量，在一段时间内集中力量做一件事。这就像在地上挖井，看准了水脉所在，就要奋力往深处发掘，如果打一枪换一个地方，你的收获只能是一些深浅不一的土坑而已。而在发掘中所消耗的时间精力，已经永远找不回来了。

从前，有两个从小一起长大的亲兄弟，他们决定一起去挖金矿，开始时，他们都抱有坚定的信念——不挖出金子决不放弃。从黎明到黄昏，又从黄昏到黎明，多少个日日夜夜后，他们依然没有见到金子的光亮。手磨出了血，脚磨出了泡，抱怨和苦闷时常充斥在他们的对话中。所不同的是，哥哥在抱怨几句，舒缓了情绪后，能够让自己更冷静地思考，随后继续挖着梦想中的金子。而弟弟的士气则越来越低落，脚下的坑显得很难再往深挖掘一尺。

这天，一个商队经过，说是山那头有人挖出了石油。这时弟弟再也按捺不住了，说这里哪有什么金子啊，不干了，到山那头采石油去！而哥哥却什么也没说，继续埋头干他的活儿。

几天之后，可怜的弟弟灰头土脸地回来了，他并没发现石油的影子，他的放弃使他又一次两手空空。当他到达驻地时，已经是深夜两点，在帐篷微弱的灯光下，似乎有一种异样的、刺眼的光芒在闪烁。他走进里面时，哥哥正捧着金子甜甜地酣睡。

很多人都明白，生活就是一次淘金大赛，有时需要一点运气，但更多的还是需要有毅力在自己选择的道路上坚持下去。

托·富勒说，一个明智的人总是抓住机遇，把它变成美好的未来。在现实生活中，每个人都希望一个美好的机会降临在自己身边，但事情往往并不是如自己所料。在错综复杂的环境下，涉世不深的年轻人往往容易迷失，甚至被面临的一些小小困难所击倒，从而难以实现新的突破。

现实是美好的，但又是残酷的，关键在于面对困难时你是否具有韧性，能否坚持到底。

滕田田是日本麦当劳的巨头，一手创造了麦当劳在日本的奇迹。据报道，在他手下的麦当劳分店在日本星罗棋布，年营业总额已突破40亿美元大关。

滕田田1965年毕业于日本早稻田大学。毕业后第六年，也就是他31岁那年，闻名全球的麦当劳开始进军日本。

但根据麦当劳总部要求，谁要抓这个先机，一是必须有75万美元的现款，二是必须有一家中等规模以上银行的信用支持，条件非常苛刻。他当时打工六年，存款不足5万，怎么办?

滕田田不甘心失去这个机会，他鼓足勇气跨进日本住友银行总裁办公室的大门，希望以自己的诚挚，争取得到帮助。

在谈到自己只有5万元存款时，滕田田恳切地对总裁说："先生，您可否让我告诉您我那5万元存款的来历？"

"可以。"总裁欣然表示同意。

"那是我6年按月存款的结果。"于是滕田田开始叙述，"这6年里，我每月坚持存下1/3的工资奖金，雷打不动，从未间断。6年里，我无数次面对过度紧张或手痒难忍的尴尬局面，我都咬牙关，克制欲望，硬挺了过来。因为在跨出大学门槛的那一天，我就立下宏愿，要以十年为期，存够10万美元，然后自己创业，出人头地。现在机会来了，我一定要提早开创事业……"

送走滕田田后，总裁立刻开车找到他所说的那家银行，柜台小姐听完来意后，兴奋地说："哦，是问滕田田先生呐！他可是我接触过的最有毅力、最有

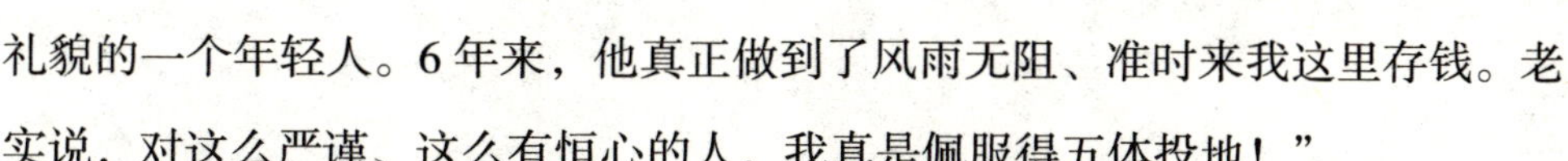

礼貌的一个年轻人。6 年来，他真正做到了风雨无阻、准时来我这里存钱。老实说，对这么严谨、这么有恒心的人，我真是佩服得五体投地！”

这样的评价使总裁动容，于是，他决定无条件地支持滕田田在日本创建崭新的麦当劳事业。

持之以恒是一种信念，滕田田正是用自己坚持的品质换来了在日本开办麦当劳的机会。有一次苏格拉底对学生说：“今天我们只学一件最简单也是最容易的事，每个人都把胳膊尽量往前甩，然后再尽量往后甩，每天坚持做下去。”苏格拉底示范了一遍，说：“从今天起，每天做 300 下，大家能做到吗？”一年后，只有一个学生做到了，这个学生就是后来成为古希腊另一位伟大哲学家的柏拉图。

对于那些刚从学校里毕业的学生来说，哈佛教授告诉他们，年轻人做事切记要有长性，不懂得坚持，正是一些人所以一生平庸的根源。

就如阳光总在风雨后一样，那些看清方向并一如既往坚持的人，他们总能看到困难中的机遇，同时克服机遇中的困难，他们总是在坚持理想，脚踏实地，持之以恒，最终获得更多更好的提高自己的契机。

第 12 章

机遇面前，纵身一跃的人才能抓住

头脑灵活的人才能把握机遇

在哈佛，每个学子入校时都会进行理想教育。他们在走出校门之前，就已经对干一番事业拥有强烈的渴望。他们深知，在众多促成自己实现一步步飞跃的因素中，机会就像一个装有弹簧的踏板，踩到它，你会被弹得很高很高，甚至让你晕眩；但如果你在向上弹的过程中抓不住一个吊环，找不到一个着陆点，那你在片刻的激动之后，就会不可避免地摔得很惨。

机会就像一个美丽但性情古怪的天使，她随时都会降临在你身边，如果你有一双慧眼，就会发现她、抓住她，成功就会降临；如果你稍有不慎，她又将随风而去，即便你扼腕叹息，她也不会回头。因此说，机会与人们的事业休戚相关。

“抓住机遇”这句口号在日常的生活中经常能够听到，有人说：“机遇青睐有准备的人。它不相信眼泪，它与怯弱、懒惰无缘。”也有人说：“机遇稍纵即逝，目光敏锐、勇敢果决者常常能获得它。”其实，机遇对任何人都是平等的，能不能抓住它，主动权在自己手里。

机遇在人的一生中扮演着重要的角色。机遇无处不在。抱怨没有机会的人，实际上是不善于识别机会和发现机遇，他们总是在仰望远处的高山，却忽视了脚下的矿石。

一位教授在课堂上讲过这样一个故事：

很多年前，美国穿越大西洋底的一根电报电缆线因破损需要更换，这则小消息平静地传播在人们之间。一位不起眼的珠宝店老板却没有等闲视之，他毅然买下了这根报废的电缆。

没有人知道小老板的意图，认为他一定是疯了，异样的目光惊诧地围绕着他。

小老板关起店门，将那根电缆洗净、弄直，然后剪成一小段一小段的金属段，然后装饰起来，作为纪念物出售。

大西洋底的电缆纪念物，还有比这更有价值的纪念品吗？

就这样，他轻松地发迹了。他又买下欧仁皇后的一枚钻石。淡黄色的钻石闪烁着稀世的光彩。

人们不禁要问：他是自己珍藏还是抬出更高的价位转手？

他不慌不忙地筹备了一个首饰展示会。观众当然是冲着皇后的钻石而来。

可想而知，梦想一睹皇后钻石风采的参观者会怎样蜂拥着从世界各地接踵而至。

他几乎坐享其成，毫不费力就赚了大笔的钱财。

他就是美国赫赫有名、享有“钻石之王”美誉的查尔斯·刘易斯，一个磨坊主的儿子。

目光敏锐、头脑灵活的人，总能在机会的身影还若隐若现时，就作出自己的判断，并大胆地行动。查尔斯·刘易斯的成功，正是如此。他判定一根报废的电缆中蕴含着一个巨大的商机，把这次机遇当作自己事业腾飞的平台，乘着机遇的东风冲天而起，在商海大展身手。

不要总是抱怨没有好的机会降临在你身上，不要总想着会有兔子撞到你面前。成功的机会无处不在，关键在于你是否能紧紧地抓住。聪明的人能从一件小事中得到大启示，有所感悟，将其化为成功的机会。而对于愚笨的人来说，即使机会放在他面前，他也浑然不觉。

1865年，美国南北战争宣告结束。但由于总统林肯被刺身亡，美国人民沉浸在欢乐与悲痛之中。这时，在铁路部门工作的卡内基意识到：战争结束后，经济必然复苏，经济建设必然需要大量的钢铁。因此，他义无反顾地辞去了报酬优厚的工作，主持组建了联合制铁公司。当美国打败墨西哥之后，便决定在加利福尼亚州修建一条铁路；随后，又批准修建另外三条横贯美洲大陆的铁路线。其实并非只有这几条铁路线，而是各地纷纷申请铁路建设，规模达到了数十条，而这一切都需要大量钢铁的支持。因此，卡内基在联合制铁厂里矗立起一座当时世界最大的熔矿炉，并聘请化学专家到厂中检验买来的矿石、灰石和焦炭的品质，从而达到了产品、零件及原材料的检测系统化。随后，卡内基大力整顿经营方式，使各层次的职责分明，生产力水平大为提高。

但是，经济的迅猛增长势必会有缓冲或回落的时段，卡内基根据社会发展状况，预料到了那一天的来临。因此，他事先买下了英国道兹工程师“兄弟钢铁制造”专利和“焦炭洗涤还原法”的专利。当1873年的经济大萧条来临之际，银行倒闭，证券交易所关门，铁路工程支付款被迫中断，一切生产都好像戛然而止，许多公司在经济大萧条中倒闭，而卡内基凭借事先买到的专利，公司依然正常运营……

在经济萧条的年代，大多数人看到的只是眼前一派衰败的社会现实，很少有人从社会的大发展方面看待事情，因此人们常常与千载难逢的好机会失之交臂。卡内基没有随大流，他从社会的不断变化中认识到，什么事都会有高潮和低谷，低谷过后，经济又会得到快速回升和发展。因此，他又向钢铁制造方面追加了投资。经济大萧条很快就过去了，经济再次得到快速发展。当其他公司开始正常生产的时候，卡内基已经抓住了主动权，公司生产的钢材和钢轨等在同等货源短缺的情况下被大量订购，他从中赚到了高额的利润。经过十几年的经营，卡内基开始拥有垄断钢铁产业的实力……

世界无时无刻不在发生着变化，而机会也就藏身于变化之中。社会发展是大环境，身边事物的变化是小环境，只要你能认识到环境的变化会产生出许多成功的机会，并细心地观察寻找，你就会发现能够改变一生的机会。

在生活中，我们不要被环境变化的表面现象所迷惑，只要认识到环境的变化会带来机会，细心观察市场动向，认真思考环境变化对经济发展的巨大影响，你就会找到成功的机会……

与时俱进，让自己跟上变化的步伐

在哈佛的课堂上，一位教授引用斯宾塞在他那本畅销全球的《谁动了我的奶酪》里的话教导学生："变化每天都在产生，我们绝不要害怕变化。"哈佛告诉学生，世界总是在变化中前进的，如果没有变化，猿不会演化成人，人类也不会一直向前发展。变化改革了旧有的模式，迫使人们要去作新的尝试，让人们因此发现自己潜藏的本领。

在《谁动了我的奶酪》一书里，小矮人唧唧虽然面对变化仍然心存犹豫，但他终于勇敢地迈出第一步，冲进黑暗之中。对他来说，虽然前途未卜，但他知道，停留在原来的幸福回想之中是没有意义的。

哲人说，在这个多变的社会里，真正的危险不是经验的缺乏，而在于不懂变通，认识不到变化。

他是个农民，但他从小的理想就是当作家。为此，他一如既往地努力着，十年来，坚持每天写 500 字。每写完一篇，他都改了又改，精心地加工润色，然后再充满希望地寄往各地的报纸杂志。遗憾的是，尽管他很用功，可他从来没有一篇文章得以发表，甚至连一封退稿信都没有收到过。

29 岁那年，他总算收到了第一封退稿信。那是一位他多年来一直坚持投稿的刊物的编辑寄来的，信里写道：“看得出你是一个很努力的青年，但我不得不遗憾地告诉你，你的知识面过于狭窄，生活经历也显得过于苍白。但我从你多年的来稿中发现，你的钢笔字越来越出色。”就是这封退稿信，点醒了他的困惑。他意识到，自己不应该对某些事过于执着。他毅然放弃写作，而练起了钢笔书法，果然长进很快。现在他已是有名的硬笔书法家，他的名字叫张文举。就这样，他让理想转了一个弯，继而柳暗花明，走向了成功。

人是善于思考的动物，处于竞争激烈、变化多端的社会中，当我们一旦发现自己的定位与现实不合拍的时候，调整步调才是最明智的选择。

一个人要想成功，理想、勇气、毅力固然重要，但更重要的是，人生路上要懂得舍弃，更要懂得变化。因此，要不断地收集有关资讯，使自己对环境发展的趋势、事业发展的方向等有更充分的了解。一个人知道得越多，越有能力及早应变。

东汉初年，辽东一带的猪都是黑毛猪，当地人也都习以为常，忽然有一天，一个商人家中的老母猪生了一窝毛色纯白的小猪，大家都争相来观看。附近一带的人都认为这一定是一种特异的品种，于是就有人给这个商人出主意说：“如此干净纯白色的小猪，天下一定少见，你应该把它们送到洛阳，去献给皇帝，皇帝肯定会重重地赏你。”又有人走来给他出主意说：“还不如把这群小白猪拉到燕京市场上去，肯定能卖个大价钱，物以稀为贵，错过了这个机会你就后悔都来不及了。”辽东商人听了，果然动了心。经过一番盘算，他觉得还是把猪运到燕京市场去卖个大价钱比较合算。于是他把白毛小猪装上车，向燕市进发了。

经过3个多月的艰苦跋涉，等走到燕京时他的小猪也基本上都长大了，他喜不自胜，这一回不知道要发多大一笔财呀！这一天，当他把白毛猪运到市场的时候，简直给吓呆了，原来燕京市场中到处卖的猪都是白色的，白毛猪在这里不足为奇不说，价钱还不如辽东的黑猪。辽东商人眼看着猪卖不出去，空欢喜一场，心中十分懊悔，心想还不如在当地卖了，也总比现在这样强啊！

胡思乱想了一阵以后，他灵机一动：既然辽东没有白毛猪，这里白毛猪的价格也不贵，我为什么不从燕京贩几十头白毛猪回辽东？那样才是真正的物以稀为贵，肯定能赚一笔。于是他就从燕京贩了几十头白毛猪回辽东，很快就卖出去了。接着他又贩黑毛猪来燕京，也是大赚了一笔。

聪明人从这个故事中读懂这个道理：社会是变化的，市场的需求也是时刻变化的，当需求变化的时候，也正是财富发生转移的时刻，所以，一定要学会把握市场需求的脉搏，要根据市场的需求来制订自己的投资计划。

在现实生活的压力面前，每个人都在心里渴望机遇的到来。但畏首畏尾或缺乏思想的人，在反复行事的过程中，只会单一地模仿别人，以为众人走过的路、用过的方法是最保险的。殊不知，在众人都踩过的路上，很难有令人惊喜的果实等待人去发现。

对于强者来说，他们不畏惧时势的变化，而是把每次变化作为机会，适应变化，所以他们能走在别人的前面。通用汽车公司总裁杰克·韦尔奇说，他一生追求的只有三个字：变！变！变！有原则有方向地变，在变化中获得发展。在这个变革的年代,最怕的就是你把自己局限于某个既定的框架里而不思改变。

身处于现实社会，当一些事物已经改变的时候，切记不要再按照原来的规则做事，否则一定会因为忽视游戏规则的变化而使自己的财富白白流失，甚至丧失获得更多财富的机会，丧失机会成本。

敢于争取，让机遇找到你

托·富勒曾说，“一个明智的人总是抓住机遇，把它变成美好的未来。”

在哈佛这个精英聚集的地方，每个人对待自己未来人生的规划都格外慎重。人生最困难的事是作出选择，在人生的旅途中，任何机会都可能给你带来意想不到的成功，因此，不要放弃任何一个哪怕只有万分之一可能的机会。

的确，机遇并不是神秘的宇宙天体，现实中，能够发现机遇的人多如牛毛，但不是每个人都能借助机遇的风帆取得一番成就。其中的关键就在于发现机遇的某个人是否有争取机遇、抓住机遇和利用机遇的头脑。

这是一个在哈佛课堂上经常被讲述的故事：

1973 年，后来成为美国最成功的广告人之一的肯尼迪高中毕业，想找份工作，并打算从“专业销售”开始。他梦想拥有公司配的又新又好的汽车，一份薪水，外加佣金和奖金，每天西装革履地上班，还有出差机会。

肯尼迪偶然发现了一则招聘广告：一家出版公司的全国销售经理要在本城待两天，只为了招聘一位负责 5 个州内各书店、百货公司和零售商的业务代表。肯尼迪梦想在将来成为作家或出版家，所以“出版”二字对他来说是有吸引力的。广告又说，起初月薪 1600 美元到 2000 美元，外加佣金、奖金、公务费和公司配车。这正是他梦寐以求的工作。

不幸的是，肯尼迪不是他们的理想人选。他去面试时，那位全国业务经理很客气地向他解释，他不是他们要找的人。第一，肯尼迪太年轻；第二，他没有工作经验；第三，他没念大学。这份工作显然是为年龄在 35 岁到 40 岁、大学毕业，并具有相当丰富经验的人准备的，刚出校园的毛头小伙显然不适合。该公司已有几位应聘者待定。肯尼迪竭力毛遂自荐，但招聘者态度坚决——他就是不够格。

这时，肯尼迪亮出了绝招。他说：“瞧，你们这个地区缺商务代表已达 6 个月了，再缺 3 个月也不至于要命吧！看看我的主意——让我做 3 个月，公司只负担公务费，我不要工资，还开我自己的车。如果我向你证明能胜任这份工作，你再以半薪雇我 3 个月，不过我要全额佣金和奖金，还得给我配车。如果这 3 个月我仍胜任这份工作，你就用正常条件录用我。”

就这样，肯尼迪被录用了。在很短的时间里，他重组了销售流程，创下 3 项记录：短期内在困难重重的地区扭转乾坤；3 个月内，让更多新客户的产品摆满他们的整个摊位；争取到新的非书店连锁的大公司等。3 个月以后，肯尼迪有了公司配车、全额工资、全额佣金和奖金。

一则贴于公共场所的广告，很多人都看到了这个令人艳羡的机遇，其中肯定不乏像肯尼迪这样的不够资格的人。但肯尼迪敢于争取机遇，勇敢地前去面试；能够抓住机遇，不求回报地说服雇主让他一试；能够利用机遇，最终成就了自己的传奇人生。

金子不是在哪里都会发亮的，它在不同的地方发光的程度是不同的。不是每一位有才华的人都一定会飞黄腾达。当机遇不来的时候，怨天尤人也无济于事；当机遇来临的时候，犹豫不决、畏缩不前则是你自甘平庸的症结。

对于有志成就一番大事的青年来说，每一个小小的机会都显得十分重要。但是，如果干柴遇不到火种，永远都不能燃烧；千里马碰不到伯乐，只能一辈子拉车……在人生的道路上，机会均等，如果你想有所建树，就要善于把握机会，绝不放弃。

一天，拉尔森要乘火车去纽约。由于到纽约度假的人很多，拉尔森又没有事先订票，因此，当他的夫人前去为他买票时，车票已经售光了。就在他感到没有希望的时候，车站人员又说了一句话：“如果你不怕麻烦，可以到车站，看看是否有人退票。不过，这种可能非常小，或许只有万分之一……”

在这种情况下，人们通常会取消出行的计划，他的妻子也劝说拉尔森：“亲爱的，买不到车票，你就别去了。”

拉尔森却说：“我到车站去等退票。”

妻子关切地说：“亲爱的，如果你在车站等不到退票怎么办呢？”

拉尔森平静地回答道：“那样的话，就算我拿着行李出去散了一趟步。”

说完，他提着收拾好的行李赶往车站。他在车站等了好久，始终没有人前来退票，当乘客们都涌向月台的时候，车站的工作人员对他说："先生，都这时候了，不会有人退票了，您还是回去吧。"

"没关系，我再等一会儿，如果还没有人来退票，我再走。"拉尔森回答，然后像没事人似的，继续耐心等待。大约在火车开动前5分钟时，有一位女士匆匆赶来，因为她的孩子生病了，她只得把今天的车票换成以后的车次。拉尔森买下那张车票，登上了前往纽约的火车。

到达纽约后，拉尔森先在酒店里洗了一个热水澡，缓解一下乘车的疲劳，然后躺在舒适的床上给妻子打电话："亲爱的，我相信一个不怕吃亏的笨蛋才是真正的聪明人，所以我抓住了那万分之一的机会。"

在通往成功的道路上，处处都可能有被错过的良机，只要善于把握机会，哪怕是万分之一的机会，你的人生理想就有可能尽快实现。

如果说，"放弃"是一朵娇艳的花，那么，"不轻言放弃"就是默默无闻的绿叶。花儿会凋零，绿叶却能常青。同样，一个人在机遇来临时执着地追求，也许并不能保证你百分之百地抓住机遇，但至少你不会落在人后。这是一个人走向成熟、成功的起点。

挣脱犹豫，果敢为事才能抓住成功的机遇

从前有一头毛驴，它拥有两堆草料。一天，它饿了，可是站在两堆草料中间，是去左边还是去右边呢？往左边走走——嗯，还是去吃右边的比较好；往右边走了几步——算了，还是去左边那堆好了。走走又回头，回头又走走，于是，这头幸运的、富有的毛驴，就这样在两堆草料间活活地饿死了。

这个故事当然是有点夸张，可是，不要说人就不会做这样的傻事。人比毛驴聪明，思考能力强，所以在前思后想中，反而更容易犹豫不决，失去机会。

哲人说，人生有三大憾事：遇良师不学；遇良友不交；遇良机不握。很多人把握不住机遇，不是因为他们没有条件，没有胆识，而是他们考虑得太多。在患得患失间，机遇的列车在他们这一站停靠了几分钟，又向下一站行驶了。

人最宝贵的是思想，是坚信自己的判断。很多人喜欢随大流，由于对自己的判断力没有充分的自信，就觉得走的人多的才是阳关道；另外，身边的人多时，能给他们一种安全感，即使失败了，他们也会自我安慰说："没关系，反正也不是咱们一个人。"

这种思路是对这些人独立思考和决断能力的严重戕害，虽然群众的眼睛是雪亮的，但一个人的长短优劣只有自己最清楚，最适合别人的路，不一定也同样适合你。历史上那些在某一领域取得了辉煌成就的人，从来都敢于在不同意见中作出决断。

在哈佛听过这样一个故事：

美国总统林肯，在他上任后不久，有一次将六个幕僚召集在一起开会。林肯提出了一个重要法案，而幕僚们的看法并不统一，于是七个人便热烈地争论起来。林肯在仔细听取其他六个人的意见后，仍感到自己是正确的。在最后决策的时候，六个幕僚一致反对林肯的意见，但林肯仍固执己见，他说：虽然只有我一个人赞成，但我仍要宣布，这个法案通过了。

表面上看，林肯这种忽视多数人意见的做法似乎过于独断专行。其实，林肯已经仔细地了解了其他六个人的看法并经过深思熟虑，然后才认定自己的方案最为合理。而其他六个人持反对意见，只是一个条件反射，有的人甚至是人云亦云，根本就没有认真考虑过这个方案。既然如此，自然应该力排众议，坚持己见。因为，所谓讨论，无非就是从各种不同的意见中选择出一个最合理的。既然自己是对的，那还有什么犹豫的呢？

决断需要以精准的分析和对形势的把握为支持，某些人缺乏这种自信，他们的犹疑不定，往往会使自己错失无数良机。

我们生活在一个激烈竞争的时代，很多机会本来就是稍纵即逝的。每每在优柔寡断的人左思右想的时候，机会已经溜到了别人手里，把他远远抛在了后面。

一个穷小子和一个富家小姐相识并相爱了，但是他总觉得两人的身份不太匹配，所以不敢过于表现自己的热情。有一天，这个年轻人很想到他的恋人家去，找他的恋人出来，一块儿消磨一个下午。但是，他又犹豫不决，不知道他究竟应不应该去，怕去了之后或者显得太冒昧，或者他的恋人太忙，拒绝他的邀请。于是，他左右为难了老半天。最后，他勉强下了个决心，坐上一辆三轮车去了。

车子终于停在他恋人的门前了，他虽然后悔来，但既然来了，只得伸手去按门铃。现在他只好希望来开门的人告诉他说："小姐不在家。"他按了第一下门铃，等了 3 分钟，没有人答应，他勉强自己再按第二下，又等了 2 分钟，仍然没有人答应。他如释重负地想："全家都出去了。"

于是，他带着一半轻松和一半失望回去了，心里想：这样也好。但事实上，他很难过，因为他又失去了一个与恋人相聚的机会。

你能猜到他的恋人现在在哪里吗？他的恋人就在家里，她从早晨就盼望这位先生会突然来找她，带她出去消磨一个下午。她不知道他曾经来过，因为她家门上的电铃坏了。如果那位年轻人不是那么犹豫不决，如果他像别人有事来访一样，按电铃没有人应声，就用手拍门试试看，他们就会有一个快乐的下午了。但是，他并没有下定决心，所以他只好徒劳而返，让他的恋人也暗中失望。

很多时候，机会已经站在了你的身旁，只要你坚定地伸出你的臂膀，挽住她的腰，她就会倾心于你。

与其相反的是，很多人都曾想着挽着她的腰，但又担心她的心不属于自己。

就在他们反复思考之时，机会悄然从他们身边溜走了。

很多刚刚走出校门的年轻人很善于思考，但有时他们的思绪会偏离原本的轨道，而自己却浑然不知。当他们遇到问题的时候，常常并不是对这问题的本身不能理解，而是往往被枝节的问题所困扰，他们太容易被周围人们的闲言碎语所动摇，太容易瞻前顾后，患得患失，以至于给外来的力量一种可以左右他们的机会，谁都可以在他们摇晃不定的天平上放下一个筹码，随时都有人可以使他们变卦，结果弄到最后别人都是对的，自己却没有了主意。

在社会上打拼了许多年的人通常有这样的经验：很多时候，你越想抓住机遇，越想思考周全，防止纰漏，结果越事与愿违。要知道，生活中原本需要非常谨慎的事并不太多，就算是真正的大事，也很难真正找到万全之策，机会总在行动和变化中出现，它不会青睐于只懂得思考和犹豫的人。

第13章 勇者无畏，路再难走也要勇敢前行

身为强者，要敢于进行一场漫长的较量

又到了毕业的时节，这一天，在哈佛大学法律系的毕业典礼上，一位学生代表在发言中讲了关于自己的成长故事，他说：

有一个孩子，每次考试时，他的成绩都无法超过他的同桌，这让他很困惑：一同认认真真地听课，为什么每次同桌都能考第一，而自己每次却只能排在他的后面？

每次成绩下来后，他总是问妈妈："妈妈，我是不是比别人笨？我觉得我和他一样听老师的话，一样认真地做作业，可是，为什么我总比他落后？"妈妈听了儿子的话，感觉到儿子开始有自尊心了，而这种自尊心正在被学校的排名伤害着。她望着儿子。没有回答，因为她不知该怎样回答。又一次考试后，孩子考了第20名，而他的同桌还是第一名。回家后，儿子又问了同样的问题。妈妈真想说，人的智力确实有高低之分，考第一的人，脑子就是比一般人的灵。然而这样的回答，难道是孩子想听道的答案吗？她庆幸自己没说出口。

儿子的这个问题每学期都会被问到无数次，应该怎样回答儿子的问题呢？有几次，她真想重复那几句被上万个父母重复了上万次的话——你太贪玩了；你在学习上还不够勤奋；和别人人比起来还不够努力……以此来搪塞儿子。然而，像她儿子这样脑袋不够聪明、在班上成绩不甚突出的孩子，平时活得还不够辛苦吗？所以，她没有那么做，她想为儿子的问题找到一个完美的答案。

儿子小学毕业了，虽然他比过去更加刻苦，但依然没赶上他的同桌，不过与过去相比，他的成绩一直在提高。为了对儿子的进步表示赞赏，她带他去看了一次大海。就在这次旅行中，这位母亲回答了儿子的问题。

母亲和儿子坐在沙滩上，她指着海面对儿子说："你看那些在海边争食的鸟儿，当海浪打来的时候，小灰雀总能迅速地飞起，它们拍打两三下翅膀就升入了天空；而海鸥总显得非常笨拙，它们从沙滩飞向天空总要很长时间，然而，真正能飞越大海横过大洋的还是它们。"

人与人先天就存在差异，这是不可回避的事实。人的成长、成熟是一个漫长的较量，能否取得最后的胜利，不在于一时的排名，而在于持续的进步与积累。能够经受住更多风吹雨打磨炼的人，他的翅膀才会更有力，然后才能飞得更高、更远。

不要嫉妒别人哪里比你强，如果你没有得到所谓的幸运，不要埋怨生活的不幸，请记住，上帝没有给你一条更为平坦的路，是因为他要让你更快成熟。

在一个古老的小镇上，一位老爷爷开了一个家具店。爷爷曾经是木匠，因此，店里的家具基本上都是他自己打的。当时，镇上有几家家具店，但没有一家生意比爷爷做得好。其实，每个家具店的品种和款式都差不多。孙子禁不住问爷爷："为什么集镇的人都来买我们店的家具，都说我们店的家具好呢？"爷爷神秘地笑了笑，说："明天就带你找答案。"

第二天一大早，天刚蒙蒙亮，爷爷就把孙子从床上叫起来。他早就套好了牛车，带好了钢锯。孙子知道，爷爷要带他去山里伐木材。走了十多公里的路，他们终于来到大山脚下。要说是山，其实并不高。

爷爷把牛车拴在了山脚下，拉着孙子的手一直往山顶攀。孙子好奇地问爷爷："山脚下那么多树可伐，为什么要费这么大力气爬到山顶上去？"爷爷笑了笑，用手指了指旁边几棵树说："你抱抱，看它们究竟有多粗。"那年孙子才七八岁，根本不明白爷爷的用意。但还是伸出双手，一连抱了好几棵。他发现，这几棵树中，即使是最粗的一棵，他双手环抱都有富余。攀上山顶，爷爷又指了指旁边几棵树让孙子抱，这里的每棵树用双手都抱不过来。这时他才明白，山顶的树比山脚的树更粗壮。

“山顶的树不仅粗壮，而且密实，用它们来打家具，非常牢固。”爷爷一边锯树，一边解释道。

“同样一种树，为什么山顶的粗壮，山脚下的细小呢？”

孙子打破砂锅问到底，爷爷停下手中的活，揩了揩额角上的汗珠，指了指山北方向，问：“你看，山北边有什么？”孙子顺着爷爷手指的方向看了看，眼前一片空旷，极目远眺，好像是天的尽头，于是摇头回答说：“什么都没有啊！”爷爷很肯定地接过话茬：“有，而且很大，那是从遥远的北方刮来的风和西伯利亚的寒潮。”爷爷一手叉腰，一手远指，犹如一位哲学家。

“这和风与寒潮有什么关系呢？”孙子大惑不解。

“当然有关系。长年经历风吹雨打的树木，生命力极强，根系特别发达，那么它从泥土中吸取的养分就充足，因此，长得也特别粗壮。”说着，爷爷转过身指了指山南的山脚，继续说道：“你再看看那些树，背后有大山抵御风和寒潮，很少受自然界侵袭，从树枝到根系都得不到锻炼，长得也就瘦小脆弱。若用它们来打家具，不仅易折易裂，而且易受病虫腐蚀。” 听完爷爷的讲解，孙子恍然大悟。

于是，他在山顶英雄般地立下豪言壮语：“我长大了一定要做山顶上的大树。”爷爷听后，摸摸他的头，爽朗地笑了。

收获总不会轻易而来，就像那些在山底不经受寒风吹打的树一样，它的生命中多了些安逸，就少了些张力。

有时候，不要说上帝没有眷顾你，是因为你不够资格进入上帝的法眼，或者说，上帝早已以他的标准，把目光从你的身上轻轻掠过。因为你的“稚嫩”，因为你没有承受过多的磨难的历练，因此，上帝将用更多的艰辛和曲折来磨炼

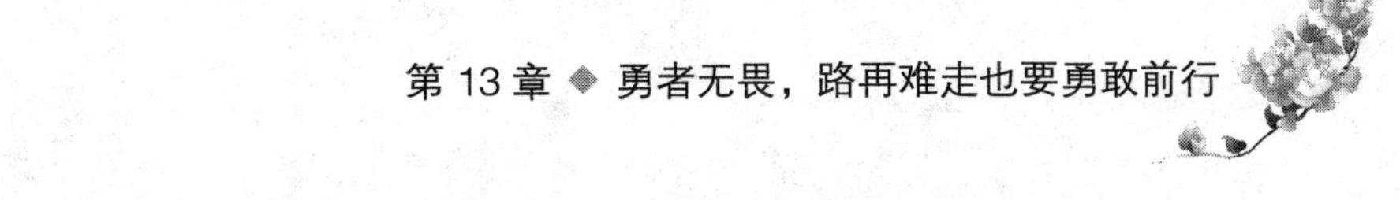

你。积极地接受生活给予的一切，即使是痛苦的磨难，也自有更多的意义。

勇敢尝试，何时都不晚

在哈佛，有这样一位毕业生被其他学生和教授崇敬和佩服。她就是 82 岁从哈佛毕业的伊丽莎白。

伊丽莎白不是哈佛毕业生中最出色的一位，也并不具有非凡的才能，人们对她的敬佩，不是因为她年纪老迈，而是因为她勇敢尝试，始终坚持的毅力和决心。

这一天，身穿毕业生礼服、头戴黑色学士帽的伊丽莎白·麦克尼尔从哈佛校长手中接过毕业证书，在获得文科学士学位的同时，她还被颁发了一个表彰其学术成就和品德的奖项。

伊丽莎白早在 1941 年就高中毕业了，之后，她陆续生了 4 个孩子。26 年前，她成为哈佛大学健康服务部门的员工。哈佛的学术氛围令她对学习产生了很大的兴趣，于是几年后，她开始尝试在哈佛“蹭课”。

但是在这之后的很多年里，她并没有正式注册当学生，因为她觉得自己没有能力完成哈佛的课程。一度想放弃拿到哈佛学历的念头。

直到 9 年前，同事和同学的鼓励让伊丽莎白产生了争取学位的念头，那时她已经 73 岁了。对于一个普通的 73 岁的老人来说，安享晚年是最好的选择。而伊丽莎白却不甘心就此放弃自己的理想，她再次鼓起勇气，走入了哈佛的课堂，她给自己制定了“10 年目标”，并经常向孩子们许诺，要在 83 岁之前从哈佛毕业。

终于，满脸皱纹的伊丽莎白在哈佛工作了 25 年、学习了 20 年、攻读了 9

年学位后，赶在自己的孙女之前获得了本科学历。

在哈佛，伊丽莎白可谓是一位独特的学生。许多教授都以伊丽莎白的事迹作为案例鼓舞学生：树立信心、果敢尝试，走属于自己路。

人的一生有太多的等待，在等待中，我们错失了许多的机会；在等待中，我们白白浪费了宝贵的光阴；在等待中，我们由一个英姿勃发的青年，变为碌碌无为的中老年。我们还在等待什么？选择去尝试，总不会让自己在原地踏步。

人生就是如此，只要你迈步，路就会在脚下延伸。只有启程，我们才会向理想的目标靠近。无论你的梦想和目标是什么，这些都只是你成功的开始，更主要的是立即开始行动，从而实实在在地看到成功的希望。这一点被许多人所忽略，其结果都是以失败告终。

贝尔在试制电话机时，感到有关问题还没有把握，便去向著名物理学家约瑟·亨利请教。贝尔谈了自己的设想，然后恳切地问："先生有何见教？""干吧！"亨利回答说。贝尔不安地说："可是，先生，我对电的知识知道得很少呀。""学吧！"亨利又简短地回答。电话机试制成功后，贝尔激动地说："如果不是亨利先生的这两个词的鼓励，我是不可能发明电话机的啊！"

当年，迪斯尼为了实现他心中的梦想，不断地呼吁去建造一个乐园，可是当时有非常多的人反对他：有的人担心会对环境产生影响；有的人担心他的资金有问题；有的人甚至怀疑他的头脑有问题；有的人说政府不会批那么大的一片地……可是迪斯尼不断地去想各种各样的方法，为了解决资金方面的问题，他甚至跑了143次银行。他积极地寻求各方面资源的支持，最后，他梦想中的乐园——迪斯尼乐园，终于在美国开始兴建，到现在，被复制到世界各地。

人人都能下决心做大事，但只有少数人能够果敢地去尝试，也只有这少数人才是最后的成功者。有不少这样的人，他们并非不知道行动的重要，但就是迟迟不愿意行动，结果又产生负疚感，造成意志瘫痪。很多情况下，人们与其说是因为恐惧而不去行动，毋宁说是因为不去行动而导致恐惧。许多事情的难

度都由于我们的犹豫和摇摆加大了。

勇于尝试需要一种开拓进取的精神。鲁迅先生曾经说过，其实地上本没有路，走的人多了，也便成了路。所以他十分赞赏“第一个吃螃蟹的人”，那些在人类前进道路上披荆斩棘的人。

美国康奈尔大学的威克教授也做过一个有趣的实验：把一只瓶子平放在桌子上，瓶子的底部向着有光亮的一方，瓶口敞开。他先放进几只蜜蜂，只见它们一次又一次朝着有光亮的地方飞去，结果只能撞在瓶壁上。蜜蜂发现自己永远也无法从瓶底飞出，只好认命，奄奄一息地停在有光亮的瓶底儿。威克教授把蜜蜂倒出，仍将瓶子按原来的方向放好，再放进几只苍蝇。没过多久，它们一只不剩地全从瓶口飞了出来。

苍蝇为什么能找到出路？因为它们坚持多方尝试，一旦发现此路不通，便立即改变方向，最后终于找到瓶口飞了出来。

威克教授的结论是：与其坐以待毙，不如横冲直撞，因为后者的做法比前者聪明且有用得多。

人生需要选择，需要你果敢地去拼搏、去行动、去做自己该做的事情，哪怕你很畏惧，哪怕你很犹豫，但只要摆在你面前的路是正确的，你就要立即行动起来。

人的价值，不光是在取得非常成就时才显现的，具有尝试精神的人，他的人生，也会丰富多彩，熠熠放光。经过尝试，我们会发现自己具有取之不竭的智力潜能，会发现生命中潜藏着许多连自己也无法想象的能力。如果不去尝试，这些能力永远也没有机会大放异彩。尝试，是铸造卓越与杰出人生的一种方式，是事业成功的一条重要途径。

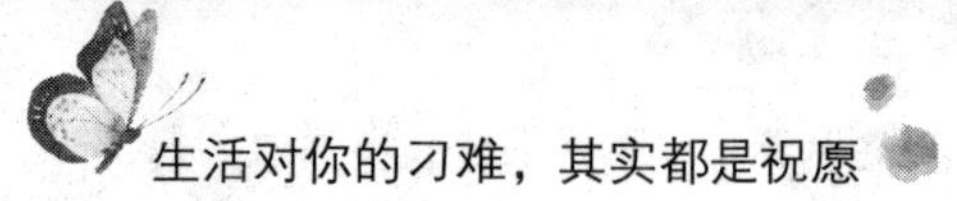

斩断退路，给自己一片危崖

哲人告诉我们，成功是可以用胆量缔造的，有一种胆量是可以穿透梦想的。那些在取得了一点成就就满足于安稳的现状，在困难面前不敢破釜沉舟地一试的人，他们的这种“稳健”的作风，也正是他们平庸的根源。

那些刚刚走出校门的学生，多数都怀有远大的理想。但在社会上打拼几年之后，特别是那些没有较大发展的人，他们渐渐感受到衣食住行等实际需要的重要性，在获得了一个稳定的饭碗时，往往就会在时间的消耗下失去进取的锐气，无奈地满足眼前的一切。

哲人说，自己是最大的敌人，人有时最难突破的，就是自身的局限性。很多时候，一个处于困境中的人往往比那些已经取得温饱的人更有作为。想迈开脚步大干一场，又不舍得抛开自己现有的温饱的保障，如此瞻前顾后，必定无所作为。

曾听一位教授在课堂上讲过这样一个故事：

有一个小孩子，见一直蝙蝠掉在地上，挣扎了好大一会儿也没有飞起来，心里就开始纳闷儿了：奇怪呀，蝙蝠是非常灵巧的动物，怎么落到地上之后就飞不起来了呢？

带着这个疑惑，小孩子去找他父亲。父亲把他带到了一个山洞里面。只见山洞的洞顶和洞壁倒悬着无数的蝙蝠，就是没有一只栖落在地面上的。

见小孩子一副不解的样子，父亲就说：这是蝙蝠在给自己一片危崖。

蝙蝠为什么要给自己一片危崖呢？小孩子还是不解，它这样做岂不是让自己每时每刻都处在危险中了吗？

父亲笑着告诉他：蝙蝠一旦脱离了攀附的洞壁，就会直接摔掉在地上。为了避免坠落而亡，蝙蝠只有尽全力地扑打着翅膀，努力使自己向上、再向上，

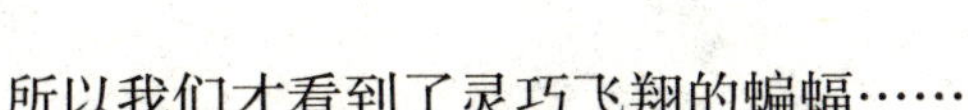

所以我们才看到了灵巧飞翔的蝙蝠……

可是，为什么蝙蝠掉到地上之后，就再也飞不起来了呢？

父亲接着解释道：蝙蝠一旦掉在了地上，就再也没有悬挂在洞壁时那种“生的危险，死的威胁”的感受了。没有这种生死攸关的感受，蝙蝠也就不可能再尽全力地去飞了。而正是因为没有尽全力地去飞，才使得它永远也飞不起来了！

给自己一片没有退路的悬崖，从某种意义上来说，正是给自己一个向生命高地发起冲锋的机会。当一个人面临后无退路的境地时，他才会集中精力奋勇向前，从生活中争到属于自己的位置。出路还没探明的时候，就先开始筹划退路，这势必会影响我们开拓新生活的冲劲，若总是进三步退两步，我们很难有根本性的改变。

大陆私营企业领军人物，新希望集团总裁刘永好，曾是四川省机械厅干部学校讲师。在他还没有创业时，他也是一个生活不是很富裕的人。后来，他与几位兄弟相继辞去公职，卖掉自己的自行车、手表等一切值钱的东西，凑足1000 元人民币，到川西农村创业，办起良种场。

万事开头难，刘氏兄弟的第一笔生意差点就让良种场夭折。当时，资阳县一个专业户向他们预订了 10 万只良种鸡。种种原因，对方后来只要了 2 万只，剩下的 8 万只鸡怎么办？打听到成都有市场后，他们连夜动手编竹筐，此后四兄弟每日凌晨 4 点就开始动身，先蹬 3 个小时自行车，赶到 20 公里以外的集市，再用土喇叭扯起嗓子叫卖。等几千只鸡卖完，拖着疲惫的身子蹬车回家时，早已是月朗星疏了。这样，十几天下来，四兄弟个个掉了十几斤肉，但所幸的是8 万只鸡苗总算全脱手了。

回顾这段经历，刘永好说，为了创业我投下了一切赌注，如果干不下去，我的公职、财产将一无所有，所以再苦再难也要往前走。即便遇到再艰辛，压力再大的事儿，只要沉下心来去做，这一关就总能挺过来。

在这个时代，墨守成规，缺乏勇气的人，迟早会被时代所抛弃。处处求稳，

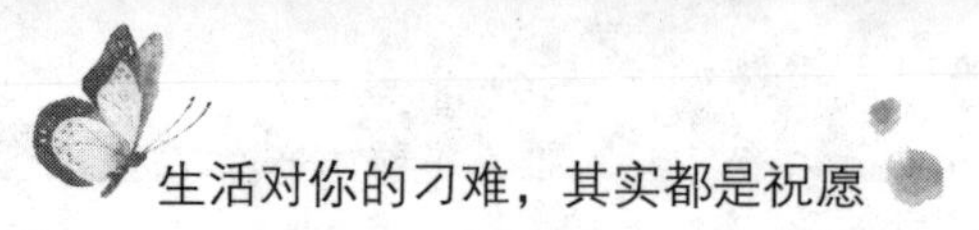

时时都给自己留有退路，这是一种看似安泰其实却充满潜在危机的生存方式。

有退路的人可以随时回避艰险，所以很难保证他前进的决心有多大；而自己把一切撤退的后路都封死，就等于封死了自己瞻前顾后的可能性。美国的企业家协会信条有这样一句话：

我是不会选择去做一个普通人的，如果能够做到的话，我有权成为一位不寻常的人，我寻找机会，但我不寻找安稳。

不管在世界的哪一个角落，那些曾经赤手空拳而成功创业的人，血液里都有一种共同的“不安分因子”。切断退路，四处出击，这与中国人传统的“知足常乐”的行为准则不合，于是一些人对世事表现出一种矛盾的心态，他们既渴望成功，又害怕失败，偏爱坐而论道，缺乏果敢的行动。

新经济时代，胆量决定财富，四平八稳不是富人的脾气，机遇面前，敢拼才会赢。我国优秀的企业家，福海实业股份有限公司的董事长罗忠福，是做服装起家的。刚开始的时候，他并没有自己的设计师和加工厂，在 1983 年的一次展销会上，他直接拿出海外亲属给他孩子的几件童装参销，并且一签就是 200 多万元的订单。回去之后，那种兴奋和压力促使他马不停蹄地联系服装厂，很快就议定了童装的加工事宜。这一次，罗忠福在没有后路的冒险中获得了巨大的成功。

山穷水尽的背水一战，常常是富人的必修课程，尽管他们清楚这种决断之后的道路会十分艰险，但若没有这一步，人生就是一潭死水，淹没的是一个人的挑战性和创造性。

当然，大部分人同样明白机遇往往和风险相伴随的道理，于是在他们的理想之中，一直想寻找一个进可攻退可守的山头。事实上，抱着撤退的目的打仗的人，在气势上已先输了一阵，最终也难逃随波逐流、混一口粗茶淡饭的格局。

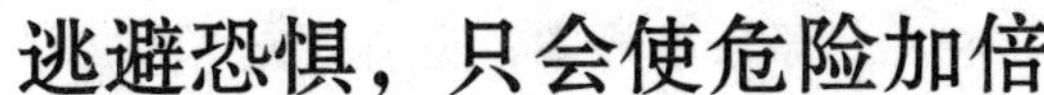

逃避恐惧，只会使危险加倍

在哈佛学子的身上，特别是在那些勇敢创业的毕业生身上，我们很容易发现他们的共同点：从来不逃避问题，不畏惧困难，不逃避恐惧。

不管是身处校园，还是置身于社会之中，恐惧的感觉都会偶尔爬上你的心头。美国著名将领艾森豪威尔将军说："软弱就会一事无成，我们必须拥有强大的实力。"不正面迎向恐惧、面对挑战，你就得一生一世躲着它。

一天下午，艾森豪威尔从学校回家，一个同他年龄相仿的粗壮结实的男孩在后面追他。艾森豪威尔不敢迎战，只想逃跑。

艾森豪威尔的父亲看见后，冲他大喊："你干吗容忍那小子追得你满街跑？"

艾森豪威尔当即委屈地反驳说："因为我不敢还手；而且不管输赢，结果都是挨你的鞭子。""别为自己的懦弱寻找借口，去把那小子赶走！"

有了父亲这话，艾森豪威尔还怕什么？他猛地转回身，怒发冲冠。那个追赶他的男孩被艾森豪威尔的突然反击吓坏了，他慌忙地夺路而逃。艾森豪威尔穷追不舍，一把将他抓住，当即把他掀翻在地，并且正颜厉色地警告他："如果你再找麻烦，我就每天揍你一顿。"

通过这件事，艾森豪威尔悟出一个道理：面对看似强大的对手的时候，千万不要胆怯和逃跑。一个人如果没有足够的勇气和信心，干什么都缩手缩脚、患得患失，害怕失败和挫折，就不会成为一个杰出的人。

有时困难在想象中会被放大一百倍，事实上，走出了第一步，就会发现那些麻烦与困难有时只是自己吓自己。每个人的勇气都不是天生的，没有谁是一生下来就充满自信的，只有勇于尝试，才能锻炼出勇气。

"我们唯一值得恐惧的就是恐惧本身，那会让我们莫名其妙地胆怯，会让我们为前进所付出的努力付诸东流。”在哈佛学子的心中，美国总统罗斯福的这句名言一直鼓舞着他们面对一切压力与挑战。

在哈佛的课程上，美国伟大的总统罗斯福的事例经常被教授们引用来激励学生。

富兰克林·D·罗斯福一直被视为美国历史上伟大的总统之一，是20世纪美国最受民众期望和爱戴的总统，也是美国历史上唯一连任4届总统的人。

罗斯福在第一次竞选总统时惨遭失败，随后他暂时退出政坛。不久，又因一场意外的遭遇而半身瘫痪。他瘫痪后相信自己还能成功。再次竞选时，他成为总统，入主白宫。身为一个瘸腿之人，他每天坐着轮椅，昂着头，挺着胸，信心百倍地去上班。他在首次就职演说中提出的那个“无所畏惧”的战斗口号，鼓舞了千千万万的听众，他说：“我们唯一值得恐惧的就是恐惧的本身。”他凭着永远不承认失败、永远不甘放弃的精神，把美利坚合众国引上了一条新的发展道路。他连任四届，成为美国最杰出的总统之一。

当时美国弥漫着对经济危机的恐惧情绪。1933年3月3日晚，美国32个州宣布无限期关闭银行。如果银行体系崩溃，几千万美国人毕生的积蓄将毁于一旦。愤怒的民众会选择什么样的方式发泄，谁也不能保证。

事实上，罗斯福已经因此遭遇过危机。2月15日，罗斯福在户外演讲时遭到刺杀。刺客是一个穷困潦倒的人，因此对社会充满仇恨。他原来想刺杀在任总统胡佛，恰巧遇到罗斯福演讲，于是便向他开了枪。罗斯福幸免于难，而芝加哥市长却受了重伤不治身亡。也许上帝需要罗斯福来成就一番伟业，于是让死亡降临到其他人身上。

当然，罗斯福无法只靠一句话就能使美国人民重树信心，关键是随之而来的果敢而紧急的行动。如《紧急银行法》《重建美国政府信用法案》《紧急救济法案》等法案的实施。两周以后，整个美国变了样，摆脱了冷漠和沮丧，开始充满活力。在纽约市小学生中进行的一项民意调查中显示，罗斯福受欢迎的程度已经远远超过了上帝。一个坐在轮椅上的人，竟能够使美国迅速恢复活力，不能不说是一个奇迹。同时也说明美国选民作出了正确的选择，他们没有被罗斯福的轮椅遮住视线。

在哈佛有这样一句话：假如你选择了天空，就不要渴望风和日丽。年轻人爱冒险，而冒险的首要前提就是必须克服内心的恐惧。

不断进取，敢于面对一切困难，努力克服它，战胜它，这是生存的法则。相反，逃避是懦夫的作为，最终只能带来更多的危机。

一个人绝对不可在面对恐惧的威胁时，背过身去试图逃避。若是这样做，只会使危险加倍。如果立刻面对它、毫不退缩，危险便会减半。任何人只要去做他所恐惧的事，并持续地做下去，直到有获得成功的纪录做后盾，他便能克服恐惧。

恐惧是获得胜利的最大障碍。你若失去了勇敢，你就失去了一切。

去做你所恐惧的事，这是克服恐惧的一大良方。大多数人在碰到棘手的问题时，只会考虑到事物本身的困难程度，如此自然也就产生了恐怖感。但是一旦实际着手时，就会发现事情其实比想象中要容易且顺利多了。

现实中的恐怖，远比不上想象中的恐怖那么可怕。很多时候，成功就像攀爬铁索，失败的原因不是智商的低下，也不是力量的单薄，而是威慑于自己的无形障碍。如果我们敢于做自己害怕的事，害怕就必然会消失。

参考文献

[1] 马德 . 请原谅生活对你的所有刁难 [M]. 北京：九州出版社，2017.

[2] 宋晓东 . 痛苦，不过是一份包装丑陋的礼物 [M]. 北京：清华大学出版社，2017.

[3] 安若尘 . 那些曾经的苦难，总有一天会让你笑着说起 [M]. 天津：天津人民出版社，2016.

[4] 水禅心 . 看似生活对你的刁难，其实都是祝愿 [M]. 北京：现代出版社，2015.